金棚三号

金棚一号制种
田（不搭架者
为父本）

番茄杂种种子
纯度鉴定田

人工授粉

利用授粉管授粉

2

番茄去雄时间（中间2个
花蕾为适宜去雄时间）

机械去雄

徒手去雄

3

已去雄的花

采集父本花药

采集的父本花药

4

畸形果

日灼病

脐腐病

5

叶霉病

早疫病病果

早疫病病叶

晚疫病

6

根结线虫病（左为感染
根系，右为正常根系）

枯萎病

白粉病

病毒病

7

白绢病

青枯病

细菌性斑点病

8

新农村建设致富典型示范丛书

大棚番茄制种致富

——陕西省西安市栎阳镇

巩振辉 逯明辉 编著

金盾出版社

内 容 提 要

　　本书系新农村建设致富典型示范丛书之一，由西北农林科技大学巩振辉教授等编著。书中详细真实地介绍了陕西省西安市栎阳镇李晓东同志通过示范推广大棚制种技术，带领群众致富的典型事例，同时较为系统地介绍了大棚番茄制种的优点、番茄栽培的基本知识、番茄制种大棚的设计与建造、大棚番茄制种的育苗技术与田间管理技术、番茄亲本材料的种子繁育技术、大棚番茄有性杂交技术、大棚番茄主要生理障碍及病虫害的防治以及番茄种子采收与检验等内容。本书内容丰富，理论与实践紧密结合，技术先进实用，可操作性强，文字简练，通俗易懂。可作为有志带领群众致富的农村技术能手、种子生产人员、专业户及相关专业农业科技工作者和大专院校师生的技术指导和参考用书。

图书在版编目(CIP)数据

　　大棚番茄制种致富：陕西省西安市栎阳镇/巩振辉，逯明辉编著．—北京：金盾出版社，2008.11
　　（新农村建设致富典型示范丛书）
　　ISBN 978-7-5082-5405-0

　　Ⅰ．大…　　Ⅱ．①巩…②逯…　　Ⅲ．番茄—温室栽培—制种
Ⅳ．S626.5

　　中国版本图书馆 CIP 数据核字(2008)第 146898 号

金盾出版社出版、总发行
北京太平路 5 号（地铁万寿路站往南）
邮政编码：100036　电话：68214039　83219215
传真：68276683　网址：www.jdcbs.cn
封面印刷：北京印刷一厂
彩页正文印刷：北京天宇星印刷厂
装订：北京天宇星印刷厂
各地新华书店经销
开本：787×1092 1/32　印张：6.75　彩页：8　字数：143 千字
2010 年 10 月第 1 版第 2 次印刷
印数：10 001～18 000 册　定价：13.00 元

前　言

　　李晓东，一个在陕西省西安市临潼区栎阳镇及其周边的阎良、高陵、三原、富平等区、县20多个乡镇家喻户晓的名人。他在临潼番茄制种产区的出名源于他大胆探索、完善与推广的大棚番茄制种技术；他在全国番茄产区的出名源于其选育的适宜日光温室、大棚栽培的金棚系列番茄品种。2004年12月13日出版的《西安日报》头版这样写道："……李晓东发现临潼制种基地露天制种在很多方面不适宜。为此，他与其他几位创业伙伴一起，通过资料分析，到各地考察，决定进行番茄大棚制种尝试。2001年自筹资金进行了小面积大棚番茄制种，结果一举获得了成功。……次年，他又投资110万元建立了占地8公顷的大棚制种示范园，为农民增收又开辟了一条新路。"他所选育的金棚系列番茄品种"……截至目前，已在山东、河北、北京、山西等19个省、直辖市大面积种植，成为我国日光温室、大棚番茄的主栽品种，为全国各地的菜农增加收益25亿多元。"显而易见，他是名副其实的新农村建设致富典范。

　　笔者与李晓东同志相识多年，在科研、教学与农业推广等方面已有多项合作。作为一名亲眼目睹李晓东以大棚番茄制种带领群众致富的农业科技工作者，有责任、有义务将其成功经验整理出来供大家学习和参考。希望本书能进一步宣传先进典范，扩大大棚番茄制种技术的影响与辐射面，促进番茄种子产业与番茄产业的发展，为新农村建设尽一点自己的绵薄之力。

番茄人工杂交制种是劳动密集型和技术密集型的农业生产，在劳动力充足、土地资源丰富的我国农村具有广阔的发展前景。为了推动番茄杂交种子生产，提高种子质量，满足广大从事番茄生产，特别是从事种子生产工作的科技人员、专业户、菜农的需要，为拟发展大棚番茄制种项目的地区提供参考，笔者多次深入临潼番茄制种示范基地，采访李晓东本人以及当地群众，收集到了详细的有关资料，在此基础上，结合自身长期从事番茄栽培与育种研究及杂交制种的实践经验，并参考大量文献，广泛吸取国内外番茄制种的先进技术经验，编写了这本书。书中详细地介绍了李晓东通过示范推广大棚制种技术，带领群众致富的典型事例，较为系统地介绍了露地番茄制种中存在的问题与大棚番茄制种的优点，番茄栽培的基本知识，番茄制种大棚的设计与建造，大棚番茄制种的育苗技术与田间管理技术，番茄亲本材料种子的繁育技术，大棚番茄有性杂交技术，大棚番茄主要生理障碍及病虫害的防治，番茄种子采收与检验等内容。本书可作为有志带领群众致富的农村技术能手、种子生产人员（专业户）、农业科技工作者和大专院校相关专业师生的参考用书。

在本书的编写过程中，我们力求达到内容丰富，理论与实践紧密结合，技术先进实用，可操作性强，文字简练，通俗易懂。但限于水平，疏漏之处在所难免，恳请广大读者批评指正。在此对书中所引用文献资料的作者表示诚挚谢意。

巩振辉

2008 年 6 月

于西北农林科技大学

目　　录

一、西安番茄再度辉煌的带头人——李晓东 …………… (1)

　(一)番茄育种的漫长之路……………………………… (2)

　　1. 走进番茄制种 …………………………………… (2)

　　2. 番茄育种的艰辛之路 …………………………… (3)

　　3. 全新突破的金棚、保冠番茄品种 ……………… (6)

　(二)轰动寿光,震惊全国,西安番茄再度辉煌……… (7)

　(三)番茄制种技术的新突破 ………………………… (10)

　(四)迈向新的征途……………………………………… (13)

　　1. 抗根结线虫粉红番茄品种的选育 …………… (13)

　　2. 分子标记辅助选择技术在番茄育种中的应用

　　　…………………………………………………… (14)

　　3. 番茄花粉的超低温保存技术研究 …………… (15)

二、大棚番茄制种技术简介………………………… (17)

　(一)番茄露地制种存在的问题 ……………………… (17)

　　1. 种子产量不稳 ………………………………… (18)

　　2. 种子质量下降 ………………………………… (18)

　　3. 种子纯度下降 ………………………………… (18)

　(二)大棚番茄制种的优点 …………………………… (19)

　　1. 大幅度提高种子产量 ………………………… (19)

　　2. 大幅度提高种子质量 ………………………… (20)

　　3. 种子成熟期提前 ……………………………… (20)

　　4. 种植秋延后大棚蔬菜 ………………………… (21)

三、番茄栽培的基本知识 ……………………… (22)

  (一)番茄的生物学特性 ………………………… (22)

    1. 植物学特征 ………………………………… (22)

    2. 生长发育习性 ……………………………… (26)

  (二)番茄的开花结实习性 ……………………… (28)

    1. 花芽分化 …………………………………… (28)

    2. 花器结构 …………………………………… (30)

    3. 开花与授粉习性 …………………………… (30)

    4. 受精结籽与果实发育 ……………………… (33)

  (三)番茄对环境条件的要求 …………………… (34)

    1. 温度 ………………………………………… (35)

    2. 光照 ………………………………………… (36)

    3. 水分 ………………………………………… (37)

    4. 土壤 ………………………………………… (38)

    5. 养分 ………………………………………… (39)

  (四)栽培季节和栽培制度 ……………………… (40)

    1. 番茄的栽培季节 …………………………… (40)

    2. 番茄的栽培制度 …………………………… (41)

四、番茄制种大棚的设计与建造 …………… (43)

  (一)番茄制种大棚的主要类型 ………………… (43)

    1. 竹木结构大棚 ……………………………… (43)

    2. 钢架结构大棚 ……………………………… (45)

    3. 钢筋混凝土结构大棚 ……………………… (47)

    4. 钢竹混合结构大棚 ………………………… (48)

  (二)番茄制种大棚的设计与建造 ……………… (48)

    1. 场地的选择与布局 ………………………… (49)

    2. 塑料薄膜的选择与准备 …………………… (50)

   3. 竹木结构大棚的建造 ……………………………… (52)

   4. 钢筋焊接大棚的建造 ……………………………… (53)

  (三)番茄制种大棚内的环境特点 ……………… (54)

   1. 温度 ……………………………………………… (54)

   2. 光照 ……………………………………………… (55)

   3. 湿度 ……………………………………………… (55)

   4. 气体 ……………………………………………… (56)

五、大棚番茄制种的育苗技术……………………………… (57)

  (一)播种前准备 ……………………………………… (57)

   1. 播种期的确定 …………………………………… (57)

   2. 育苗设施的选择 ………………………………… (58)

   3. 育苗床的准备 …………………………………… (59)

  (二)播种 ……………………………………………… (61)

   1. 种子处理 ………………………………………… (61)

   2. 催芽 ……………………………………………… (62)

   3. 播种 ……………………………………………… (64)

  (三)苗期管理 ………………………………………… (65)

   1. 出苗期管理 ……………………………………… (65)

   2. 幼苗期管理 ……………………………………… (67)

  (四)育苗常见问题及对策 …………………………… (74)

   1. 出苗问题 ………………………………………… (74)

   2. 徒长苗和僵化苗 ………………………………… (75)

   3. 低温伤害 ………………………………………… (76)

   4. 沤根 ……………………………………………… (76)

   5. 闪苗 ……………………………………………… (77)

   6. 氨气危害 ………………………………………… (77)

   7. 苗期主要病害 …………………………………… (78)

六、大棚番茄制种的田间管理………………（80）

（一）定植前准备 ………………………（80）

（二）定植 …………………………………（81）

   1. 定植时间 …………………………（81）

   2. 定植密度 …………………………（82）

   3. 定植方法 …………………………（82）

（三）田间管理 ……………………………（84）

   1. 温湿度管理 ………………………（84）

   2. 水肥管理 …………………………（86）

   3. 植株调整 …………………………（89）

七、番茄亲本材料种子的繁育 ……………（98）

（一）番茄种子繁育制度 …………………（98）

（二）番茄亲本材料种子繁育技术 ………（99）

   1. 亲本种子繁育的隔离技术 ……（100）

   2. 亲本种子繁育技术 ……………（101）

   3. 亲本原种繁育栽培技术 ………（104）

（三）亲本原种露地繁育栽培技术 ………（105）

   1. 种子生产基地与田块的选择 …（105）

   2. 番茄亲本原种露地繁殖栽培技术 ………（106）

（四）亲本原种地膜覆盖繁育栽培技术 …（120）

   1. 培育壮苗 ………………………（121）

   2. 重施基肥，做好畦垄 …………（122）

   3. 选择定植方法，压严地膜 ……（122）

   4. 加强田间管理 …………………（123）

（五）果实的酸化与清洗 ………………（124）

八、大棚番茄有性杂交技术 ……………（126）

（一）杂交前的准备 ……………………（127）

1. 亲本植株的准备 ……………………………… (127)

2. 杂交时间 ……………………………………… (127)

3. 杂交工具的准备 ……………………………… (128)

4. 选择杂交花序和花朵 ………………………… (129)

(二)母本去雄 …………………………………… (129)

1. 去雄时间 ……………………………………… (129)

2. 去雄技术 ……………………………………… (130)

(三)父本花粉的采集与保存 …………………… (130)

1. 花粉的采集 …………………………………… (130)

2. 花粉的保存 …………………………………… (131)

(四)授粉 ………………………………………… (132)

1. 授粉时期 ……………………………………… (132)

2. 授粉技术 ……………………………………… (132)

(五)授粉后的田间管理 ………………………… (133)

1. 通风排湿 ……………………………………… (133)

2. 肥水管理 ……………………………………… (134)

3. 整枝打杈 ……………………………………… (134)

4. 病虫害管理 …………………………………… (135)

九、大棚番茄主要生理障碍及病虫害防治 ……… (136)

(一)主要生理障碍的防治 ……………………… (136)

1. 畸形果 ………………………………………… (136)

2. 空洞果 ………………………………………… (137)

3. 日灼病 ………………………………………… (138)

4. 裂果 …………………………………………… (138)

5. 脐腐病 ………………………………………… (139)

6. 筋腐病 ………………………………………… (139)

(二)主要病害的防治 …………………………… (140)

1. 灰霉病 …………………………………… (140)

2. 叶霉病 …………………………………… (142)

3. 早疫病 …………………………………… (144)

4. 晚疫病 …………………………………… (145)

5. 溃疡病 …………………………………… (146)

6. 根结线虫病 ……………………………… (147)

7. 枯萎病 …………………………………… (150)

8. 白粉病 …………………………………… (150)

9. 病毒病 …………………………………… (152)

10. 白绢病 ………………………………… (154)

11. 青枯病 ………………………………… (155)

12. 细菌性斑点病 ………………………… (157)

(三)主要虫害的防治…………………………… (159)

1. 蚜虫 ……………………………………… (159)

2. 棉铃虫 …………………………………… (160)

3. 斑潜蝇 …………………………………… (162)

4. 白粉虱 …………………………………… (163)

5. 茶黄螨 …………………………………… (165)

6. 地老虎 …………………………………… (167)

十、番茄种子的采收与检验 ……………………… (169)

(一)杂交果的采收与发酵…………………… (169)

1. 杂交果的采收 ………………………… (169)

2. 种子发酵与淘洗 ……………………… (169)

3. 种子的干燥 …………………………… (170)

4. 种子的清选 …………………………… (172)

(二)品种品质检验 ………………………… (173)

1. 田间检验 ……………………………… (174)

2. 室内检验 ·· (176)

(三)杂交种子播种品质的检验······················· (178)

1. 扦取检验样品 ································· (178)

2. 样品种类和扦样数量 ······················· (179)

3. 种子净度检验 ································· (179)

4. 种子发芽率和发芽势试验 ··················· (180)

5. 种子含水量检测 ····························· (183)

6. 种子千粒重测定 ····························· (184)

7. 种子感官检测 ······························· (186)

(四)种子的管理····································· (187)

1. 种子的分级 ································· (187)

2. 种子的包装 ································· (187)

3. 种子的贮藏 ································· (188)

4. 种子的运输 ································· (191)

参考文献··· (193)

一、西安番茄再度辉煌的
带头人——李晓东

金棚、保冠系列番茄品种,集耐贮性、商品性、抗病性和早熟性于一身,其出现使我国的高秧粉红番茄进入到耐贮运、货架寿命长的时期,也让众多跨国种业公司面对中国巨大的粉红番茄种子市场而无能为力。进入 21 世纪,金棚、保冠系列品种番茄更迅速成为我国粉红番茄的主栽品种,并连续多年为我国种植面积最大的番茄品种之一。金棚一号于 2003 年通过陕西省农作物品种审定委员会审定,获得了 2005 年度西安市科技进步一等奖,在全国累计种植面积达 16 万公顷以上,为我国菜农增加收益 25 亿元以上。李晓东就是金棚、保冠系列番茄品种的研制人。

这个李晓东究竟是一个什么样的人呢? 其实他是一个极为普通的人。1982 年,年仅 19 岁的李晓东从陕西省农林学校蔬菜专业毕业来到西安市临潼区(原渭南地区临潼县)农业科技部门工作。改革开放初期的 20 世纪 80 年代,农业科技的发展面临着许多机遇。一次次成功的技术指导转化为菜农收益的显著提高,激励着李晓东对农业科技发展的明天充满信心。个人的成就感,使他对农业科技的痴迷几乎达到了狂热的程度,不论待遇,不论岗位;不管前途,不管文凭;不知困难,不知艰辛,一头就扎进了浩瀚无比的农业科技的"海洋"。这一"游"就是二十多年。二十多年里,李晓东不仅培育成功了享誉全国的划时代番茄优良品种——金棚、保冠系列品种,而且对传统的番茄制种技术进行了改造,创建了具有革命性意义的大棚番茄制种技术体系,同时还在良种推广、其他作物育种和产业化建设中作出了较大贡献。使西安番茄继西安市蔬菜研究所郁和平研究员研制的毛粉802、早丰等品种之后,在全国又一次辉煌。在这漫长的二十多年里,虽然他的工作充满着奋斗的艰辛,但更多的仍然是成功的快乐!李晓东同志目前是中国园艺学会番茄分会常务理事,陕西省园艺学会理事,现任西安皇冠蔬菜研究所所长,西安金鹏种苗有限公司总经理。

(一)番茄育种的漫长之路

李晓东1982年来到原临潼县种子公司工作时,主要从事蔬菜良种推广工作,然而,历史的机遇使他一步一步走上了番茄育种探索之路。

1. 走进番茄制种

20世纪80年代,西安市蔬菜研究所郁和平、郑贵彬研究员研制的早丰、早魁、西粉三号、毛粉802番茄品种因早熟、抗病、丰产性突出,一时风靡全国。但由于缺乏成熟的制种技术,没有规模化的制种基地,严重地影响了这些品种的推广。在这一关键时刻,临潼县(现西安市临潼区)栎阳镇朝邑村村民王建华抓住了这一历史机遇,在临潼渭北开辟了当时全国最大的番茄制种基地。在此之前,由于蔬菜良种繁育上的业务关系,李晓东与王建华已经是一对好朋友了。因此,在开辟番茄制种基地的过程中,二人就番茄制种的各种技术进行了广泛而深入的交流。如地热线育苗,地膜覆盖,集中重施三元复合肥,密度与整枝方式,采粉、去雄、授粉、掏籽、发酵技术等。1987年,受陕西省农牧厅《陕西农业》编辑部委托,李晓东对王建华番茄制种技术和创建制种基地的经验进行了系统总结,形成的文字材料一组共七篇文章,发表于当年《陕西农业》第11期。李晓东也因此成为总结、报道临潼番茄制种技术和基地建设经验的第一人。

1988年6月,全国番茄攻关组的专家们视察了临潼番茄制种基地。李晓东作为接待人员,也参加了这次活动,期间结识了他仰慕已久的我国著名的番茄育种家李树德、高振华、徐鹤林、李景富、黎碧然、吴定华等专家、教授,为以后业务的提升奠定了基础。在协助王建华开辟临潼番茄制种基地的过程中,李晓东逐渐投身到了番茄育种工作中来。

2. 番茄育种的艰辛之路

1990年,李晓东重新回到了临潼县种子公司,负责蔬菜种子业务。此时的种子公司经济困难,管理混乱,已濒临倒闭。1992年8月,公司实行改革,李晓东牵头承包了蔬菜业务。1993年1月,李晓东任种子公司副经理,继续牵头承包了蔬菜业务。除亲自抓番茄制种外,他还把大量的时间用在了种子销售上,几乎跑遍了祖国的大江南北。在跑市场的过程中,李晓东敏锐地发现,我国的蔬菜生产方式将发生重大变革,交通运输业和日光温室、大棚的大规模发展,将彻底改变我国蔬菜就近生产、就近供应的格局,耐贮运、适宜日光温室与大棚等保护地栽培的番茄品种将成为重要的育种目标。李晓东心想必须抓住这一良好机遇。从此,他调整了自己的工作方向,除继续抓好市场营销和番茄制种外,还把相当多的精力投入到硬果番茄的育种工作中来。他的漫长而艰辛的番茄育种工作,是在没有科研立项,没有科研经费,没有专用土地,没有任何仪器设备的情况下,凭着一个坚定的信念而开始的。

从事番茄育种,最重要的是搜集原始材料。因此,李晓东利用各种渠道,想尽一切办法搜集材料。他利用临潼番茄制种基地的优势,搜集了许多国内的优良材料;利用出差的机会到辽宁、河北、山西、甘肃等番茄制种基地搜集了许多新的材料;利用到山东寿光等全国有名蔬菜基地的机会,搜集了新从国外引进的品种;又利用各种关系搜集到荷兰、瑞士、以色列、日本、美国的番茄最新品种。1994 年,在北京种子交流会上,他无意中听到吉林省桦甸市有一种大果硬果粉红番茄材料,他就一路辗转冒着大雨和被水淹的危险到桦甸段维启经理处采了一个果子带回了家。

在蔬菜知识和育种知识的学习积累上,李晓东可谓如饥似渴,坚持不懈。尽管当时他工资微薄,但买起专业书来,毫不吝惜。他购买和详读了国内二十多年来出版的几乎所有有关番茄育种、遗传、栽培、生理及病害管理等方面的书籍和杂志,在番茄育种方面具备了扎实的基础知识,并掌握了国内番茄育种研究的动态。

番茄育种工作,每年都要进行大量的杂交、分离、观察、鉴定、筛选和对比工作。十多年间,李晓东从未间断,其艰辛程度可想而知。冬季光照时间短,为了抢时间,他在棚内一待就是六七个小时,常常到了晚上才午饭、晚饭一块吃。夏季棚内高温,人一进去就是一身汗,他却在棚内一待就是几个小时。有一次,由于脚扭伤无法走路,他就让别人抬着进棚观察指导。有几次在外地做试验,由于时间紧,他就整整一天冒雨在田间观察。像这样的例子举不胜举。

李晓东这种拼命的干劲和厚道、诚实的品格,使他的番茄育种事业得到广泛的支持和帮助。李晓东的父母、哥嫂、弟弟、妹妹，1993年开始就在自家承包地为李晓东做番茄育种试验；他的合作伙伴王建人，1996年砍掉了自家地里的桃树，把地让出来给李晓东做试验地；临潼区种子公司的余世民、李树臻、李兆祥、李月燕、付绒香等同志都以不同形式支持李晓东的育种工作；制种基地的严永信、郭在田、张军等同志也都为李晓东的育种工作做了许多有益的工作；陕西省种子管理站品种管理科姚撑民同志把俄罗斯同行赠送的番茄种子转送给他做育种材料；西北农林科技大学园艺学院著名分子育种家巩振辉教授专门从澳大利亚引进抗原赠送他；北京市农技站王作周、王福东同志把荷兰几家种业公司的优良品种种子送给他；西北农林科技大学园艺学院著名育种专家王鸣教授把他珍藏了五十多年的前苏联番茄著作赠送给他；临潼区农业局副局长韩安耕、临潼区种子管理站站长鲁军志在有关政策上大开绿灯，力求保证他的番茄育种工作能够顺利进行……总之，有许许多多专家、领导、同事和朋友，以不同的形式支持、帮助过李晓东的番茄育种事业。

功夫不负有心人。李晓东没有辜负大家的期望，经过近十年的努力，终于在1998和1999年取得了重大突破，组配成功了全新的番茄新品种——高秧粉红保冠一号和高秧大红保冠三号。

为了保证番茄育种事业能够发展壮大，李晓东一直在寻找体制上的突破。1993～1995年，他在单位的工作是只管干、不管钱的小承包；1996年发展到业务和资金都管，缴完公司的，剩余全是科室的大承包；1997年成立了临潼种子（控股）公司——职工、基地参股的西安秦皇种苗有限公司。然而，好景不长，就在他的番茄育种事业取得阶段性成果的2000和2001年，国有控股企业改革不彻底的弊端突现。经过 3 个多月国有转股问题的艰苦谈判,缺乏谈判经验的李晓东最终败下阵来。谈判失败,公司最终没能摆脱旧体制的束缚。在原体制已无路可走的情况下,李晓东作出了有生以来最为艰难的抉择,毅然决定辞职,成立了完全属于民营性质的西安金鹏种苗有限公司和西安皇冠蔬菜研究所,从而重新开始了他的事业,这为他以后育种事业的成功奠定了基础。公司成立以后,李晓东在对原保冠一号、保冠三号的亲本进行系统改良提纯的基础上,向市场推出了更为优秀的金棚一号和金棚三号。

3. 全新突破的金棚、保冠番茄品种

2003 年,在金棚一号番茄品种的鉴定会上,陕西省蔬菜品种审定小组的专家认为,金棚一号是一个在多方面有突破的优良品种,其耐贮性、商品性、抗病性、早熟性均比当时生产上的主栽品种有大的突破。保护地专用番茄品种金棚一号的选育与推广项目,获得了 2005 年度西安市科技进步一等奖。当年科技进步奖评定小组的专家认为,金棚番茄在以下三个方面作出了创新性贡献。一是金棚一号番茄成熟果实硬度在无限生长粉果类型的品种中是最大的。据陕西省产品质量监督检验所检测,其硬度为每平方厘米 0.81 千克,而一般品种只有每平方厘米 0.4~0.5 千克。二是金棚一号是当时综合商品性状最好的粉红大果番茄。除耐贮运,货架寿命长外,还具有高圆苹果形,无绿色果肩,着色均匀,光泽度好,果面光滑无棱,果洼小、畸形果、裂果率小于 3%,极少有筋腐病,没有其他斑点,大小合适、均匀,一般单果重 200~250 克,口感好等优良商品性状。三是金棚一号是大面积推广的高秧无限生长粉红番茄中最早熟的品种。春季大棚栽培从开花到采收

40～50天,比对照 L402 早 10～15 天,前期产量比对照增产30%以上;前期产量近似或超过有限生长类型西粉 901 和西粉 903。金棚、保冠番茄系列品种的推广过程,也充分证明了以上专家论断的正确。1999 年该品种育成之后,到 2002 年就在全国各地普遍种植,基本实现了自 20 世纪 80 年代以来,我国高秧粉红番茄品种的第三次更新换代(第一代品种为鲜丰、强丰、中蔬五号等常规种;第二代品种为毛粉 802、佳粉 15、L402、中杂九号等软果杂交种;第三代品种即为金棚一号、保冠一号等硬果品种),使我国的高秧粉果番茄进入到耐贮运、货架寿命长的时代。与此同时,世界著名种业公司的粉红番茄品种也纷纷进入我国,包括韩国的秀光、日光,法国的粉安娜、粉丽,瑞士先正达的春雪红、春粉红,日本的宝冠、桃太郎等许多品种。经我国山东寿光等产区的试种及一定面积的种植,其综合性状与金棚一号仍有一定的差距。目前,金棚一号仍是我国保护地粉果的主栽品种。

(二)轰动寿光,震惊全国,西安番茄再度辉煌

金棚一号、保冠一号番茄品种育成之后,首先在山东省寿光市得到了大面积种植。寿光市是全国著名的蔬菜基地,号称"中国蔬菜之乡",其生产规模在全国最大,蔬菜生产水平在全国也最高。在蔬菜界有一种说法,"全国蔬菜看山东,山东蔬菜看寿光,寿光蔬菜看世界"。因此,寿光对蔬菜品种最为挑剔。金棚、保冠番茄 1999 年秋在寿光试种了 10 户,2000 年春又试种、示范了 10 户。其果实的硬度和良好的商品性,令当年 4 月参加中国国际(寿光)蔬菜博览会的菜农大为震惊,当年就掀起了抢购金棚番茄种子的高潮。每次经销商从

临潼进几千袋种子到寿光，不到一个小时就被菜农抢购一空。当年李晓东的公司种子产量的 80% 销往了寿光。到了秋季，更是出现了菜商到种子经销商门市部查找种植户名单，菜贩在番茄种植村用高音喇叭高喊"高 0.2 元收金棚、保冠番茄"的场面。金棚番茄一下子轰动寿光。2001 年，寿光蔬菜专家团在推荐最具推广潜力的蔬菜品种中，金棚番茄系列品种被列为春秋粉红番茄第一位。金棚、保冠番茄系列品种在寿光大面积种植以后，到目前一直保持着 70% 以上的粉红番茄市场份额。

随着时间的推移，金棚番茄迅速在全国推广。山西省新绛县、稷山县是晋南有名的蔬菜基地，有近 700 公顷的日光温室番茄。2001 年春季，稷山县李老庄村的光俊庆、王林静等 4 位菜农种植的金棚、保冠番茄被菜商堵在前往批发市场的路上高价抢购，此事在当地引起了强烈反响。2001 年，该村及周围 80 多位菜农，自费从几百里地外的山西省来到西安市临潼区，等了 10 多天，为的是能买上四五袋他们自家用的金棚、保冠番茄种子。2001 年金棚一号在山西新绛县、稷山县约占市场的 10%，但到了 2002 年秋几乎全是金棚番茄，市场占有率高达 90% 以上。2002 年 6 月，新疆喀什市莎车县菜农杨映国辗转 5 天，专程从南疆西端来到临潼，代表周围的菜农来购买 100 袋金棚一号番茄种子。据他介绍，他 2002 年春季种植的金棚一号番茄因能运到西藏，每千克番茄比其他品种高出 1 元。他种的 450 平方米金棚一号收入 9 780 元，比同样面积的其他品种多收入 3 000 元以上。现在，新疆各地都已大量种植了金棚一号番茄。像这样的例子，在全国各地还很多。

为了帮助广大菜农种好金棚、保冠番茄，李晓东把技术服务工作作为一件大事来抓。他编印了《种植金棚番茄应注意的几个问题》、《金棚番茄出现的几种生理病害及原因》等资料,并将 30 多万份资料随种子发放到广大菜农手中。同时,李晓东经常往返河南、山东、河北、陕西、山西、辽宁、吉林等省,亲自到生产基地给广大菜农讲解如何种好金棚番茄。据不完全统计,李晓东亲自给各地菜农讲课超过 100 场次,经常出现一天连讲 3~4 次课的情景。为了让更多人了解金棚、保冠番茄,李晓东还在《园艺学报》、《长江蔬菜》、《蔬菜》等杂志上发表文章,介绍金棚、保冠系列番茄品种及其栽培注意事项。李晓东还通过种子包装和技术资料,公布了手机号码,随时接受广大菜农的技术咨询,经常出现每天十多次电话咨询的情况。通过一系列有效的技术服务工作,金棚番茄深深扎根于祖国大地,为各地菜农增收作出了贡献。李晓东也因此赢得了"2005 年全国科普工作先进个人"和"2008 年陕西省科普惠农先进个人"的光荣称号。

截至目前,金棚番茄已在山东、河北、北京、天津、山西、河南、陕西、辽宁、吉林、黑龙江、安徽、浙江、江苏、新疆、甘肃、宁夏、四川、重庆、云南、贵州等省(直辖市、自治区)大面积种植,并成为我国日光温室、大棚番茄的主栽品种。2005 年以来,金棚一号连续两次被《中国蔬菜》杂志读者推荐为中国番茄明星品种第一名。据临潼区种子管理站对制种产量的估算,金棚番茄已累计种植 16 万公顷以上,为全国各地的菜农增加收益 25 亿多元,为西安地区番茄制种户和种子企业带来 1 亿元以上的直接收入。

随着金棚、保冠番茄知名度的迅速提升,在临潼、西安乃至全国蔬菜种子经营市场掀起了一股金棚、保冠番茄的热潮。以至于在一个时期,番茄种子更名盛行,首先是西安市场上迅速出现了大量名称带有"棚"、"金"、"保"、"冠"等字的番茄品种,接着在全国其他地方如北京、辽宁、山东、河北等地也出现了大量的更名品种,估计总数在 200 种以上。在全国各大种子交流会上,唱主角的番茄都是金棚、保冠及各种各样的更名品种;在各种蔬菜专刊的广告上,都可看到连篇累牍的刊登着金棚、保冠番茄及各种与之名称相仿品种的广告。近七八年来,出现了西安番茄在全国再度辉煌的局面。

(三)番茄制种技术的新突破

"对于一个 20 世纪 80 年代以来对番茄制种有所了解的人,你和他说番茄种子每 667 平方米产种 25～30 千克,甚至 35 千克,他绝对不信,会说你在吹牛"。这是 2003、2004 年李晓东给广大制种户介绍大棚制种时的真实一幕。然而,现在大面积制种平均每 667 平方米产量达到 25 千克以上,高出原来露地产量 2～3 倍,不但高产、稳产,而且发芽率高,千粒重大,还早熟 1 个多月。这就是以李晓东、王建人为首创立的大棚番茄制种技术体系所创下的业绩。

大棚制种技术体系的主要技术要点包括:采用 8 米或 12 米大棚制种;播种、定植、授粉只比露地早 1 个月;土温室分苗;通过大棚管理调节温度,以便更有利于开花授粉;合理密植;蕾期去雄,盛花期授粉,授粉后做标记等。

2000 年,李晓东在保冠一号的制种中,发现种子发芽率只有 70%～80% 的问题。经过低温、高温、硝酸钾、赤霉素及贮藏 1 年等处理,发芽率仍没有提高。经过分析,李晓东认为发芽率偏低的原因是制种母本叶稀、茎细、果实发育期的高温、强光导致果实提早成熟,影响种子发育所致。同时,李晓东也注意到,临潼地区春夏升温较快,适宜授粉的时间比较短,如在授粉期遇到高温、低温、降水,就会出现减产。为此,王建人向李晓东提出了进行大棚制种的尝试。在2001、2002年进行小面积大棚试制的同时,他们又赴辽宁盖州、山西原平、甘肃酒泉等地实地考察。结果发现,这些基地均位于北纬40°附近,夏季极少出现35℃以上的高温天气,酒泉还很少有降水,对授粉、受精和种果的发育都非常有利。当他们考察安徽萧县的大棚辣椒制种时,惊奇地发现,与西安在同一纬度、同一生态区的萧县,正是利用大棚成功地避开了制种后期的高温,解决了授粉期降水和低温的影响。这与他们的设想不谋而合,更加坚定了他们搞好大棚制种的决心。

为了配合大棚制种,进一步提高种子产量、质量,李晓东对临潼地区不合理的去雄技术进行了纠正。临潼基地在20世纪80～90年代主要生产以黄苗为母本的番茄组合,由于携带 $Tm\text{-}2^{nv}$ 基因的黄苗番茄散粉较慢,所以在临潼地区形成了去雄和授粉同时进行的习惯。然而这种做法很不科学,既不保证质量,又不保证产量。借鉴番茄外贸制种技术要求,李晓东提出了大棚制种也要按外贸制种去雄授粉的技术要求操作。即母本在开花前2～3天蕾期去雄,花盛开后人工授粉,授粉后去萼片做标记。

2001年,李晓东他们进行了大棚小面积试制,每667平方米平均种子产量22.5千克,平均发芽率93％;2002年,每667平方米平均种子产量25千克,平均发芽率95％。试验成功后,李晓东决心以最快的速度推广这项技术。然而不论他怎么宣传讲解,制种户就是不相信。为了彻底让农民放心,2003年,他经营的西安金鹏种苗有限公司拿出30万元,预制了4公顷水泥大棚骨架,发给制种户使用。即使这样,水泥骨架拉到地头也有不愿意安装的。为了成功推广这项技术,李晓东、王建人他们加大了技术培训的力度。年初系统培训,对育苗、定植、授粉、采收采取专题培训,重点时期如上棚、上膜、定植、授粉随时现场培训,现场指导。公司又组织技术人员到各制种户巡回检查,发现问题,当场解决。功夫不负有心人,这 4 公顷大棚当年产种 1 425 千克,平均每 667 平方米产量 23.75 千克,比露地高 2～3 倍,平均发芽率 95%,并且上市时间比辽宁早 1～2 个月,充分显示了大棚制种的优势。当年临潼区栎阳镇朝邑村制种能手张志杰,每 667 平方米产量 29 千克,收入达到 13 500 元,在周边影响很大。

为了更有力地推广大棚制种技术,李晓东、王建人决定投资 110 万元,在临潼番茄制种基地的核心地带临潼区栎阳镇朝邑村建立番茄大棚制种示范园。示范园 2003 年 7 月开始租地,2003 年 12 月底完工,占地 8 公顷,全部为 12 米跨度的水泥骨架大棚。2004 年开始全面制种,采用返租的形式将大棚租给制种户,当年实现平均每 667 平方米产量 25.6 千克,最高 31 千克的纪录。周围群众也逐渐认识到大棚制种的优越性,当年就自发新建了 6～7 公顷大棚。2005～2007 年连续 3 年,在 5～6 月份西安地区出现了持续十多天的 35℃以上高温。采用露地制种的病毒病大暴发,每 667 平方米产量不超过 10 千克,而采用大棚制种的依然获得高产、稳产,每 667 平方米产量 20～30 千克,最高达 35.5 千克。在露地制种连年失败的打击下,大棚制种很快成为了临潼番茄制种基地的主导形式。

此外,利用大棚制种番茄拔秧之后的空闲地,还可以进行秋延后大棚蔬菜生产,种植番茄、甜瓜、西葫芦、黄瓜、芹菜等多种蔬菜,制种农户又多了一条增加收入的门路。每 667 平方米大棚番茄制种可收入 5 000～8 000 元,利用制种番茄下茬进行秋延后大棚蔬菜生产,每 667 平方米大棚又可收入 4 000~5 000 元,这样,每 667 平方米大棚的年收入都在 8 000 元以上,实现了每 667 平方米产值过万元的目标。2006 年 10 月,在辽宁省沈阳市召开的中国园艺学会番茄分会成立大会上,李晓东宣读了他多年从事大棚制种技术研究和推广的成果——《西安地区番茄大棚制种技术的探讨与推广》一文,受到了与会专家的高度关注和赞誉。

目前,李晓东的番茄制种技术以西安市临潼区栎阳镇为中心,辐射周边阎良、高陵、三原、富平等区、县 20 个乡镇,在以李晓东的"金鹏种苗"为首的番茄制种企业带动之下,经过近 20 年的发展,已经成为全国最大的番茄制种基地,惠及数十万农民。现在,临潼区番茄制种面积达 500 多公顷,年产量 10 万千克以上,占全国产量的一半左右。大棚制种新技术的推广和应用,使西安的番茄制种业跃上新台阶,种子产量和质量大幅度提高,制种农户的经济收入大幅度增加。

(四)迈向新的征途

随着金棚、保冠番茄在全国各地的走红,李晓东更加关注番茄生产、运输和消费过程的每一个环节,着手从育种角度,用最简单、最有效的办法解决各地生产中最关键、最紧迫的问题。他相继承担了临潼区、西安市、陕西省和全国数个科研课题或推广项目,均取得了重要成果和进展。

1. 抗根结线虫粉红番茄品种的选育

番茄感染根结线虫后,根系会肿大坏死,轻的影响番茄产量和品质,重的会成片死亡。杀灭线虫必须用剧毒农药,如涕灭威、可线丹、溴甲烷、石灰氮等,不仅毒性大,残留重,成本高,而且危险性大,杀虫效果也不彻底。根结线虫的蔓延对我国近年提倡的无公害、绿色食品生产是一个严峻的挑战。2000~2002 年,李晓东到山东、河南等地推广金棚番茄时,发现许多地方不仅根结线虫非常严重,而且蔓延速度很快,已经成为影响当地番茄生产的重要问题。当时,我国尚无抗根结线虫的粉红番茄品种,国外虽有抗根结线虫的红果品种,但因消费习惯原因尚不能大面积种植。因此,李晓东决定立即进行抗根结线虫粉红番茄的选育。2002 年完成抗原的收集,2003 年完成抗原鉴定,同时进行杂交、加代。2004~2005 年利用分子标记辅助选择技术,每年 2 代加速选育。2006~2007 年选育出了 M158、M6、M213 三个优良品系。目前这 3 个品系已经在河南、山东、陕西、河北等地进行了一定量的生产示范,有望 1~2 年内大面积推广。

2. 分子标记辅助选择技术在番茄育种中的应用

在进行抗根结线虫番茄品种选育的过程中,李晓东遇到了一个难题,就是当时陕西的根结线虫极少,很难找到理想的鉴定场所,而且病理鉴定需要进行线虫的分离、鉴定、接种和田间鉴定,不但程序复杂,而且时间长,稍有不慎还会影响结果的准确性。怎么办呢?李晓东把目光投向了现代植物育种的核心技术——分子标记辅助选择技术。经过王得元博士、崔鸿文教授的引荐,李晓东结识了西北农林科技大学园艺学院博士生导师巩振辉教授。巩振辉教授是我国植物育种领域的著名专家,据他了解,尽管有关分子标记辅助育种技术的文献很多,但还停留在理论研究上,真正用于新品种选育的还鲜有报道。如果与李晓东合作,能把抗根结线虫 *Mi* 基因的分子标记技术应用到实际育种中,也算是对我国蔬菜育种的一大贡献。为此,他们很快达成一致,一方面,巩教授利用他的条件和技术给李晓东做 Mi 基因的分子标记检测;另一方面,巩教授接收李晓东派来的员工攻读硕士学位研究生,在巩教授的指导下,学习分子标记检测技术。从 2004～2007 年,每年检测 2 次,数百个样品,这极大地提高了育种效率。目前,利用 Mi 基因的分子标记与田间育种技术相结合,选育抗病品种技术已申报国家发明专利,培育的抗线虫品系已进入生产试验。在进行抗根结线虫基因 Mi 分子标记研究的合作中,他们进一步扩大了合作范围,加深了合作内容。巩振辉教授为李晓东开发了金棚一号番茄品种种子纯度的分子标记检测规程,以及目前影响我国番茄生产最为严重的黄化卷叶病毒病和细菌性斑点病等主要抗病基因的实用分子标记。

3. 番茄花粉的超低温保存技术研究

常温下,番茄花粉的生活力只有 2～3 天,这就使番茄制种、育种的授粉工作受到极大的限制。在番茄制种中,常因前期温度低,花粉不足而影响产量,而后期授粉结束花粉充足却只能白白浪费。在番茄育种中,对于个别稀有材料的隔年杂交、远距采粉以及出于技术保密的要求,人们都希望有一种办法能够长期保存花粉。李晓东率领他的科研团队,在借鉴动物精子保存和国外经验的基础上,通过 2007 和 2008 年两年摸索,已基本形成一套可以长期贮存番茄花粉的成熟技术。2008 年经小面积试验和大面积试用,其效果已达到新鲜花粉,为今后的推广奠定了基础。

李晓东近年除完成以上科研工作外,还开展了番茄雄性不育、硬果红果品种选育、番茄种子脱粒机的引进等项目的工作,均取得了一定的成绩。

李晓东培育成功的金棚、保冠番茄系列品种以及创立的大棚番茄制种技术体系,带动了西安市临潼区番茄制种基地的再度繁荣,大大地促进了该区及西安市、陕西省番茄种子产业的发展,使我国粉果番茄品种进入到了耐贮运、货架寿命长的时代,为我国番茄生产作出了重要贡献。作为一个基层农业科技工作者,在当前激烈的市场竞争中,能研制出主导全国市场的番茄品种,可以说李晓东是西安人、陕西人的骄傲,更是全中国人民的骄傲。

然而,在巨大的荣誉面前,李晓东非常清楚地认识到,成绩只能代表过去,前面的路还很长。如何面对国际竞争,在种质创新,育种、制种、加工技术,营销网络,技术服务,企业管理等方面缩短我们与世界先进水平的差距,需要做的事情和想象不到的困难还很多。李晓东有一个设想,那就是成立一个在中国最有影响力的番茄研究中心,组建一个中国最大的番茄研究团队。中心设番茄资源中心、生物技术中心、番茄育种实验室和番茄病理实验室等研究机构,并设有春提早、秋延后、越冬、露地、南方大红番茄、微型番茄课题组。除中心外,还要在全国各主要生态区设立番茄育种试验站。目前,他已经为这个设想的实施加倍努力着。祝愿他早日实现自己的梦想。

二、大棚番茄制种技术简介

西安市临潼区是我国著名的番茄制种基地之一,至今已有 20 多年的制种历史,为我国番茄制种业的发展作出了突出贡献。然而,随着制种年限的延长和品种的演变,原来的露地制种方式出现了越来越严重的产量不稳、质量下滑、效益降低等问题,大棚番茄制种技术的出现为解决以上问题提供了可能。经过 2001 和 2002 年的小面积试验,2003 年开始小规模制种,2004～2006 年开始大面积推广,到目前为止,西安临潼及周边地区番茄制种基地已经全面普及该技术。大棚番茄制种的种子产量一般为每 667 平方米 25～30 千克,高的可达 35～40 千克,正常年份比露地制种增产 60％以上,灾年则比露地制种高出 2～3 倍;种子发芽率高达 90％～95％,比露地高 5％～10％;种子纯度一般在 98％以上;种子成熟期比国内的甘肃河西、辽宁盖州等知名番茄制种基地早 2个月以上。可以说,大棚番茄制种技术是番茄制种技术的一次重要革命。

(一)番茄露地制种存在的问题

番茄露地制种存在的主要问题是产量不稳、质量下降、纯度降低等,再加上番茄种子价格相对稳定,而劳动力成本提高了 10～15 倍,生产资料价格也上涨了 1～2 倍,从事番茄制种的经济效益已经降到了最低,严重打击了制种农民的生产积极性。

1. 种子产量不稳

造成露地番茄制种产量不稳的主要原因与当地的气候特点有关。例如临潼地区在春季升温较快,适宜授粉的时间较短。临潼地区露地制种授粉期一般在 5 月 10～30 日,然而真正的授粉适宜时期只有短短 15～20 天,5 月 15 日之前温度较低,容易造成番茄授粉受精不良,5 月 25 日之后容易出现高温,又会造成花粉生活力下降。在此期间如果遇到低温、高温,尤其是连阴雨天气,就会严重影响番茄的授粉,形成灾年,使制种农户蒙受巨大经济损失。

2. 种子质量下降

采用露地制种时,番茄果实的发育期在 6～7 月份,经常会遇上高温天气,很容易引起果实发育过快,如果再加上降雨偏多,多种病害并发,造成种果发育不完全,种子得不到充分发育,从而使种子产量下降、质量降低。例如临潼地区在 1992 和 1999 年番茄果实成熟期遇到了连续降雨,导致真菌性病害大面积发生,严重影响了番茄种子的产量和质量。2002、2005 和 2006 年的 6 月份,正是番茄种果发育的关键时期,却出现了连续 10 天以上的 35℃高温,导致病毒病大面积流行,并且日灼病发生严重,果实提早成熟,种子发芽率降至 70%左右,种子产量也从每 200 千克种果收获 1 千克种子,降到了每 500 千克种果才能收获 1 千克种子。

3. 种子纯度下降

临潼制种基地在 20 世纪 80～90 年代主要生产以黄苗为母本的番茄组合,由于携带 Tm-2^{m} 基因的黄苗番茄散粉慢,形成了去雄和授粉同时进行的习惯。然而这种做法很不科学,去雄早了,母本的花药还没开裂,虽然可以保证种子纯度,但由于柱头接受花粉的能力还较弱,所以结籽率较低;去雄晚了,母本的花药已经开裂,虽然可以提高结籽率,但番茄花发生自交的可能性增加,种子纯度降低。所以这种既不能保证杂交种种子质量,又不能保证杂交种种子产量的授粉方式已经不适合当前番茄制种的需要。

(二)大棚番茄制种的优点

大棚番茄制种技术是利用大棚覆盖来提高空气温度和土壤温度,使番茄亲本在大棚内的播种期、定植期、授粉始期均比露地制种提早 1 个月,这样就可以在 6～7 月份的高温天气来临之前完成整个制种工作,使果实和种子都得到充分发育,提高了种子的产量和质量。此外,大棚覆盖也提供了一个相对稳定并容易人工控制的环境条件,使棚内番茄生长基本上可以不受外界环境如阴雨、病害等因素的影响,从另一方面保证了番茄杂交种子生产的高产、稳产和种子质量。

1. 大幅度提高种子产量

大棚番茄制种技术由于播种期比露地提早 1 个月左右,这样适宜授粉期就从原来露地制种的 15～20 天延长至 30～40 天,从 4 月 10 日开始就可以授粉,一般可持续到 5 月 10～20 日,可以完全达到甘肃酒泉、辽宁盖州和山西原平等番茄制种最适宜地区的有效授粉时间。授粉后的果实发育期环境条件适宜,植株不会遭受病毒病、日灼病等病害的危害,可以保证果实有 50～60 天的发育时间,种子能够得到充分发育,产量和质量都能得到大幅度提高。另外,由于授粉期间大棚内的环境受降雨、低温、高温等不良天气的影响较小,授粉的有效性得到了保证并保持在较高的水平上。大棚番茄制种在正常年份比露地制种增产 60％以上,灾年则比露地制种高出2～3 倍。2004 年西安市临潼区栎阳镇 10.7 公顷大棚制种,每 667 平方米平均产量 25.6 千克,比当地露地制种的产量16 千克增产 60％;2006 年受后期高温影响,大棚番茄制种每667 平方米平均产量 22.5 千克,比前几年减产 13.7％,但比当年露地制种的每 667 平方米产量 5～7.5 千克仍高出3～5倍。可以说,大棚番茄制种的产量已经达到了甘肃酒泉、辽宁盖州基地露地产量水平,并且年际间变化不大,同时实现了高产和稳产的目的。

2. 大幅度提高种子质量

由于在大棚内番茄果实和种子能够得到充分发育,因此不仅是产量,种子质量也有了很大提高。在临潼地区正常年份(如 2003 年),大棚番茄种子的发芽率为 95％,露地为87％;丰年(如 2004 年),大棚番茄种子的发芽率为 96％,露地则低于 90％;灾年的差别更明显,2005 年和 2006 年,大棚番茄种子的发芽率均在 90％以上,而露地番茄种子则都在80％以下。另外,由于大棚番茄制种不再采用去雄与授粉同时进行的杂交方式,而是采用先去雄后授粉的新型杂交方式,使得在番茄种子产量提高的同时,种子纯度也获得了大幅度提高,普遍在 98％以上,完全达到了国家相关标准。

3. 种子成熟期提前

临潼地区采用的大棚制种技术要求番茄的播种期比当地

露地制种的播种期提前 1 个月左右,因此种子成熟期也提前 1 个月,比甘肃、辽宁等地的制种基地则能提前 2 个月成熟,成为我国北方成熟最早、上市最早的番茄种子,提高了制种农户的经济效益。

4. 种植秋延后大棚蔬菜

大棚内用于制种的番茄拔秧之后,空闲地还可以进行秋延后大棚蔬菜生产,种植甜瓜、西葫芦、黄瓜、芹菜等多种蔬菜,使制种农户又多了一条增加收入的门路。每 667 平方米大棚番茄制种可收入 5 000～8 000 元,利用大棚空闲地进行秋延后蔬菜生产,每 667 平方米大棚又可收入 4 000～5 000 元,这样,每 667 平方米大棚的年收入都在 8 000 元以上,实现了每 667 平方米产值过万元的目标,比原来的露地轮作模式增收 2～3 倍。

三、番茄栽培的基本知识

健壮的植株和良好的生长环境是番茄制种取得成功的重要保障,所以,在介绍大棚番茄制种技术之前,有必要从番茄的生物学特性、开花结实习性、对环境条件的要求以及栽培季节与栽培制度等方面了解番茄栽培的基本知识。

(一)番茄的生物学特性

1. 植物学特征

番茄的器官主要包括根、茎、叶、花、果实和种子。

(1)根　番茄为1年生或多年生草本植物,根系发达且分布深广,由主根和多次分生的侧根组成;根系主要分布在表土层20～30厘米深范围内,横向伸展1米左右;盛果期主根可深入土中150厘米,侧根向周围伸展250厘米左右。番茄主根受伤后恢复能力极强,易生侧根,所以,在育苗过程中常采用分苗切断主根的方式来促进侧根的生成。

当番茄第一花序坐果时,根系生长达到第一个高峰,随后因养分向果实转移,根系生长量下降,结果盛期又达到第二个生长高峰。

(2)茎　番茄的茎大多为半直立和半蔓生,基部木质化,高60～120厘米,一般需支架栽培或吊蔓栽培,亦可无支架栽培。番茄的茎分枝性强,为合轴分枝(假轴分枝),茎的顶端形成花芽,花芽侧下方分化新的生长点。由于番茄植株的每个腋芽都能萌发为侧枝,所以,在生产中需要整枝打杈。茎和茎根都容易产生不定根,扦插繁殖时容易成活。

徒长番茄植株的茎节间过长,下细上粗;老化植株茎节间过短,下粗上细;健壮植株茎节间较短,上下等粗,是番茄丰产的形态指标。

番茄植株按照花序分化规律和生长习性,可分为有限生长型和无限生长型两类(图3-1)。

有限生长型也叫自封顶型,在主茎生长至6~8片真叶后,开始出现第一个花序,以后每隔1~2节着生1个花序,甚至每节都会着生花序。但当主茎着生3~4个花序后,主茎顶端变成花序,不再延伸枝条而自行封顶;由叶腋萌发的侧枝,一般也只能着生1~2个花序就自行封顶。这一类型的植株矮小,开花结果早且集中,果实供应期较短,但早期产量高。

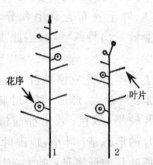

图3-1　番茄生长类型

1. 无限生长型　2. 有限生长型

无限生长型也叫不封顶型,在主茎生长7~10片真叶后,开始着生第一个花序,以后每隔2~3叶着生一个花序。主茎顶端可以连续向上生长,并不断出现花序。由叶腋萌发的侧枝也能连续着生花序。这一类型的植株高大,开花结果期长,总产量高,果实供应期长,多为中晚熟品种。

(3)叶　番茄叶片为单叶互生,羽状深裂或全裂,叶缘齿形,每叶叶轴上生有5~9个奇数裂片(图3-2)。叶片大小、形状、颜色等因品种及环境条件而异,既是鉴别品种的特征,也是番茄生长状态判断的依据。

叶片根据形状和缺刻的不同,可分为花叶型、皱缩叶型和薯叶型 3 种类型。花叶型叶片缺刻深,叶较长,裂片之间距离较大;皱缩叶型叶片多皱缩,叶片较短,裂片排列紧密,叶片宽厚,叶色深绿;薯叶型叶片大,裂片少,叶缘完整无缺刻。番茄的茎、叶上密布着茸毛和分泌腺,能散发出特殊气味,因此虫害较少。

图 3-2　番茄的叶片

丰产番茄植株叶片的形态是:叶片大,形似手掌,叶脉及叶片较平,绿色;老化番茄植株叶片的形态是:叶小,顶部叶更小,暗绿或淡绿色;疯长番茄植株叶片的形态是:叶大,三角形,中脉突出,浓绿色。

图 3-3　番茄的花

(4)花　番茄的花为雌雄同花,花冠黄色,大型果为聚伞花序,小型果为总状或复总状花序,每花序具 3～7 朵小花,花序着生于节间(图 3-3)。番茄花的雄蕊通常有 5～6 枚或更多花药,聚合成一个圆锥体,包围在雌蕊周围,药筒成熟后向内纵裂,散出花粉,为自花授粉作物。个别品种或有的品种在某些条件影响下,柱头伸出雄蕊之外,这时会进行异花授粉,番茄的天然杂交率在 4%～10% 之间。

番茄花为子房上位,中轴胎座。

丰产番茄植株花的形态是:同一花序内开花整齐,花器大小中等,花瓣黄色,子房大小适中。徒长植株花序内开花不整齐,往往花器和子房特别大,花瓣浓黄色。老化株开花延迟,花器小,花瓣淡黄色,子房小。

(5)果实 番茄果实为多汁浆果,果肉由果皮及胎座组织构成(图3-4),优良品种的果肉较厚,种子腔小。番茄果实的形状、大小、颜色和心室数目因品种而不同,果实形状有圆形、扁圆、椭圆和梨形等。番茄栽培品

图3-4 番茄的果实

种一般为多心室,心室数的多少与萼片数及果形有一定的相关性。萼片数多,心室数也多;3~4个心室的果实,果径较小;5~7个心室的果实,接近圆球形;心室数如果再增加,果实就会变得大而扁。

番茄未成熟果实呈绿色,成熟果实呈红色、黄色、粉红色等。果实的颜色由果皮颜色和果肉颜色相衬而表现。如果果皮和果肉都为黄色,果实就为深黄色;果皮无色,果肉红色,果实为粉红色;果皮为黄色,果肉为红色,果实为橙红色。

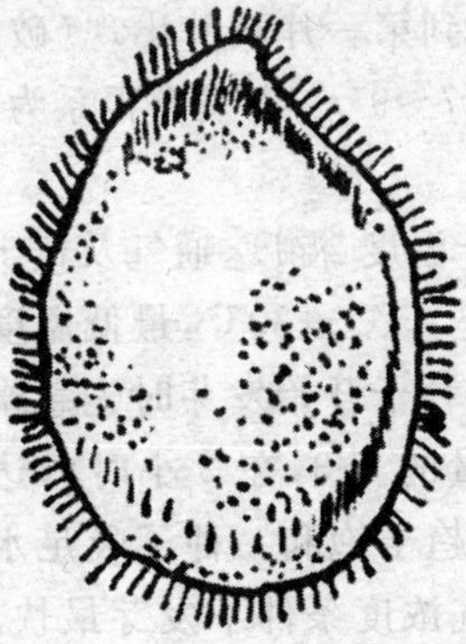

(6)种子 番茄的种子为扁平的短卵形,表面生有黄褐色或灰白色茸毛(图3-5),长4毫米,

图3-5 番茄的种子

宽 3 毫米,厚 0.8 毫米左右。千粒重为 2.7～3.3 克,每克平均 250～350 粒。在番茄种子长轴一端的侧方稍有凹陷的部分,称为种脐。

番茄种子由种皮、胚乳和胚 3 部分组成。种皮由种子成熟时种皮细胞的木质化形成,在一定程度上限制着水分和气体的通过,保护种子的内部。胚乳由内胚乳和外胚乳组成,其中内胚乳充满糊粉粒和脂肪,为种子发芽时营养物质的主要来源;而外胚乳只含有一层薄壁细胞。胚由幼芽、子叶、下胚轴、幼根等组成,并埋存于供给养分的内胚乳之中,幼芽位于子叶之间,由生长点和尚未发育的叶片共同组成。

番茄种子的寿命为 3～4 年,以 1 年的新种子发芽率最高,生长势最强。

2. 生长发育习性

番茄的生长发育阶段主要包括发芽期、幼苗期、开花坐果期和结果期。

(1) 发芽期　是指从种子萌发到第一片真叶出现(破心)这一时期,在适宜温度下一般需要 7～9 天,以发育根系为主,主要靠种子贮存的营养物质生长。

发芽期的顺利完成主要决定于温度、湿度、通气及覆土厚度等。番茄种子发芽的适宜温度是 25℃～30℃,最低温度为 12℃,超过 35℃对发芽不利。番茄种子开始发芽时先急剧吸水,半小时吸水量可达到种子重量的 1/3,在 2 小时内达到 2/3,以后逐渐缓慢,8 小时后吸水趋于饱和。种子吸足水分后,在 25℃的温度和 10% 以上氧气浓度条件下发芽最快,约 36 小时后开始发根,再经过 2～3 天,子叶开始出现。

由于番茄种子较小,内含的营养物质不多,发芽时会很快地被幼芽用尽。因此,种子萌发后及时保证必要的营养对幼苗生长发育,尤其是生殖器官的及早形成有重要作用。

(2)幼苗期 是指从第一片真叶出现到定植前的第一花序现蕾这一段时期,其又以出现2~3片真叶分为两个阶段。

第一阶段为花芽分化前的基本营养阶段,指从第一片真叶出现到2~3片真叶的时期。此阶段主要是番茄根系生长及生长点的叶原基分化,同时子叶和真叶中合成成花激素,为花芽分化做准备。在适宜条件下,这一阶段需要18~21天,加上生产中分苗后的缓苗期,从播种到这一阶段结束需要35~40天的时间。

第二阶段从2~3片真叶展开后开始花芽分化,到花蕾出现时结束,此阶段花芽分化与营养生长同步进行。条件适宜时这一阶段需30天左右,加上定植前的炼苗时间,实际需要40天左右。因此,生产上定植时的苗龄(从播种开始)以80天较为合适。

创造适宜条件,防止幼苗的徒长和老化,保证幼苗健壮生长及花芽的正常分化及发育是此阶段栽培管理的主要任务。

(3)开花坐果期 是指从第一花序现蕾、开花到坐果的短暂时期,是番茄从营养生长为主过渡到生殖生长与营养生长同时进行的转折期,直接关系到果实的形成和产量,尤其是早期产量。

开花期的早晚直接影响番茄的早熟性,决定于品种、苗龄及定植后的温度条件。在正常条件下,从定植缓苗至开花大约需要15天的时间。

这一时期番茄的营养生长与生殖生长的竞争比较突出,是决定营养生长与生殖生长平衡的关键时期。促进早发根、注意保花保果是这个阶段栽培管理的主要任务,既要保证第一花序正常坐果,又要防止根、茎、叶生长过旺。

(4)结果期 指第一花序坐果一直到采收结束拉秧的较长过程。其特点是植株和果实同步生长,营养生长与生殖生长的矛盾始终存在,根、叶、花及果实对养分的竞争比较明显,各层花序之间也相互争夺养分。一般来说,番茄植株不同位置的叶片分工也不同,上部叶片的养分主要供应上部果实和顶芽;中部叶片的养分主要供应中部果实和叶片;下部叶片的养分主要供应下部果实和根、茎。因此,番茄结果期的栽培管理应始终以调节二者的平衡为中心,创造良好的条件,促进秧、果并旺,不断结果,保证早熟丰产。

番茄授粉后 3~4 天果实开始膨大,7~20 天膨大最快,30 天基本停止。一般情况下从开花到果实成熟需 50~60 天,如环境适宜则成熟期可缩短,而冬季低温弱光条件下则需 70~100 天。

(二)番茄的开花结实习性

花芽开始分化标志着番茄已经从营养生长时期进入生殖生长时期。从花芽分化到种子成熟是一个连续的过程,为了方便叙述,将其分为花芽分化、花器结构、开花与授粉习性及受精结籽与果实发育四个方面进行。

1. 花芽分化

(1)番茄花芽分化的特征 番茄幼苗在出现 2~3 片真叶时生长点分化为肥厚隆起的花芽,花序的侧下方又分化出新的生长点。一般播种后 20~30 天分化第一个花序,以后每10 天左右分化 1 个花序,每 2~3 天分化 1 个小花。花芽分化从开始到结束要经过一系列的过程,从外侧器官逐渐向内发育,首先形成萼片及花瓣,接着是雄蕊的出现,然后是花粉的形成与心皮及胚珠的形成,最后是子房的膨大。

花芽分化的同时,与花芽相邻上方的侧芽也分化生长成叶片。所以,花序的分化、花序上小花的分化、叶片的分化及顶芽的生长是连续交错进行的。当第一花序花芽分化快要结束时,下个花序的花芽分化已经开始,第二花序的第一朵小花的分化有可能在第一花序的最后一个小花分化之前进行。

(2)影响番茄花芽分化的因素 包括品种、花芽分化时的幼苗状态、环境条件和栽培措施。

①品种 不同番茄品种花芽分化的早晚不同,一般早熟品种 6~7 片叶后出现第一花序,中晚熟品种在 7~8 片叶出现第一花序。

②花芽分化时的幼苗状态 花芽分化时子叶和真叶的状态对花芽分化也有很大的影响。子叶大小影响第一花序分化的早晚,真叶大小影响花芽分化的数目和质量。所以,培育肥厚、深绿色的子叶和较大的第一、第二片真叶面积是培育番茄壮苗不可忽视的基础,应给予充足的光照、适宜的温度和良好的营养条件。

③环境条件 环境条件中影响花芽分化的因素主要是温度及光照。温度的高低不仅影响花芽分化的时间,同时也影响开花的数量及质量。高温能促进花芽分化,但花芽数目减少;温度越低花芽分化期越长,但花芽数目增多,当夜温低于 7℃时则易出现畸形花。番茄花芽分化的适宜温度为白天 20℃~30℃,夜间 15℃~20℃。充足的光照也有利于花芽分化,一般表现为花芽分化早、节位低、花芽大;如果光照较弱(低于自然光照的 50%),花芽分化推迟,且容易落花。

④栽培措施　施肥及灌水等栽培措施会影响番茄的花芽分化。如果土壤肥沃或施肥水平高,含有丰富的氮、磷、钾,且土壤的通气性好,则花芽分化较早,第一花序分化节位较低。缺水时会影响花芽分化及生长发育,水分稍多则影响不大。

2. 花器结构

番茄花为两性花,由花萼、雄蕊、雌蕊、花冠和花柄组成(图3-6)。最外层为分离的绿色花萼,萼片5～6枚,花谢后不脱离;内层为黄色花冠,其基部联合成喇叭状,先端分裂为5～6枚,花瓣数与萼片数相近。雄蕊5～6枚,花丝短,花药长形并联合成筒状,称为药筒(雄蕊筒),成熟后从药筒内侧各花药中心线两侧纵裂散粉;雌蕊1枚,被包围在药筒中央,子房上位,多心室,内生胚珠数百粒,中轴胎座。有的番茄花朵有数枚花柱而呈复合状,称为带化花,由此会形成畸形果,不宜用来杂交和留种。

3. 开花与授粉习性

(1)番茄的开花习性　番茄的开花顺序是花序基部的小花先开,依次向花序梢部开放,两序花开花的间隔时间为7天左右,通常第一花序的花尚未开完,第二花序的花已经开始开放。

番茄花芽分化完成后,花瓣被萼片包被着的时期称为花蕾期。随着花蕾逐渐发育长大,花冠迅速伸长,当花冠顶端与花萼顶端大致齐平时,萼片尖端彼此分离,向外展开,淡黄绿色的花冠从萼片中露出,称为露冠。此后,花冠继续伸长,顶端分离并向外展开,待花瓣展开至夹角大于30°时,雌蕊已成熟,具备受精结籽的能力。花开至90°角时,花瓣转黄色,雄

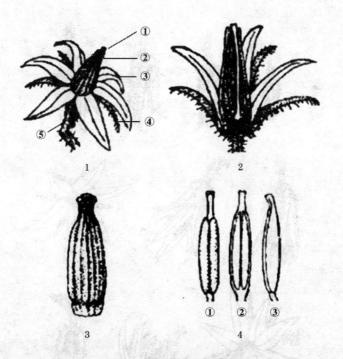

图 3-6 番茄花器的结构

1. 花器全图:①雌蕊;②雄蕊;③花瓣;④花萼;⑤花梗

2. 花器纵剖面图　3. 雄蕊药筒

4. 雄蕊:①腹面;②背面;③侧面

蕊开始成熟,花药筒基部转黄,上部为黄绿色,此时称为开放。当花瓣展开角度达到 180°时,花瓣变成深黄色,进入盛开期。此时花药开裂,柱头也迅速伸长并分泌黏液,是授粉的最佳时期。此后,花瓣逐渐向后反卷、萎缩、凋落(图 3-7)。

番茄花从开花到凋落需 4～5 天,因环境条件而异。通常在气温 22℃～25℃时,从露冠到花瓣展开 30°角需 32～38 小时;从开放到盛开需 30～35 小时;从盛开到凋落需 36～46 小时。

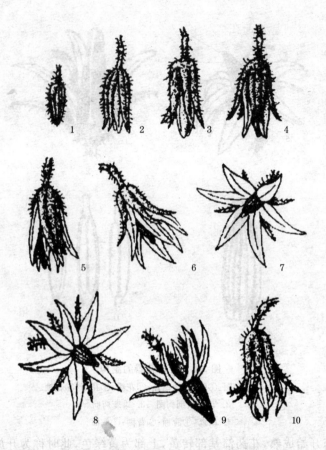

图 3-7　番茄的开花顺序

1. 花蕾　2. 露冠　3. 花瓣伸长　4. 花瓣微开

5. 花瓣渐开(30°)　6. 花瓣再开(60°)　7. 花瓣开放(90°)

8. 花瓣盛开(180°)　9. 花瓣反卷　10. 花瓣萎缩

　　番茄每天开花的时间以 4～8 时最多,14 时以后就很少开放。晴天开花多,阴天开花少,雨天不开花,雨后初晴开花最集中。通常番茄在 21℃～32℃开花最多,温度低于 15℃就停止开花,高于 35℃落花落蕾,并且高温干旱可使花的寿命缩短。

(2)番茄的授粉习性 番茄花的花粉在花药开裂时成熟,此时授粉能力最强,花药裂开前人工剥取的花粉并没有授粉能力。在适宜棚温(20℃～25℃)和干燥条件下,花粉的生活力可保持 4～5 天。

番茄花的雌蕊在花药散粉前 2 天就有接受花粉的能力,并且其受精能力可保持 4～8 天。因此,番茄杂交时可采用蕾期授粉,但蕾期授粉较开花授粉结实率略低,而且果实结籽率也较低,一般用当天开放的花授粉效果最好。不过由于蕾期授粉手续简便、节省时间,所以还是经常被采用。

番茄授粉的适宜温度是白天 20℃～30℃,夜间 14℃～22℃,空气相对湿度在 90% 以上。番茄花粉在 15℃ 以下和 35℃ 以上停止萌发;白天温度高于 35℃、夜间温度低于 14℃或高于 22℃时,授粉、受精困难,导致落花落蕾。

4. 受精结籽与果实发育

番茄在授粉约 50 小时后完成受精过程。番茄从子房发育膨大成为可食用的果实,要经历两个时期:细胞分裂期和细胞膨大期。细胞分裂期在子房发育的初期(开花期)就基本结束了,而子房的膨大主要通过细胞的膨大和细胞间隙的增加来实现。一般来讲,子房内部细胞的分裂停止时间要先于子房外部的细胞,整个果实的膨大过程是前期生长较慢,中期生长较快,后期生长速度又减慢,属于典型的"S"形生长曲线。

番茄果实成熟过程分为 5 个时期:①青熟期。果实基本停止生长,果顶白色,尚未着色。②转色期。果顶部由绿白色转为淡黄色至粉红色。③半熟期。果实表面约 50% 着色。④坚熟期。整果着色,肉质较硬。⑤完熟期。肉质变软。番茄为呼吸跃变型果实,呼吸高峰始于转色期,在半熟期达到最高值,并具有后熟现象,绿熟果实能离体成熟。果实成熟期间葡萄糖和果糖增加,淀粉、可滴定酸减少,不溶性果胶转变为可溶性果胶和果胶酸,叶绿素降解,胡萝卜素和叶黄素增加,番茄红素迅速合成,维生素 C 含量变化不大。

番茄植株生长前期所结果实,从开花到果实成熟所需的时间较长,果实小而且味道淡;而旺果期所结果实,从开花到成熟所需时间较短,形成的果实较大,形状较整齐,品质也较好。果实发育期间会出现各种生理障碍:低温下分化的多心皮子房会发育成畸形果和脐裂果,水分供应骤然变化容易引起裂果,受精不良或使用的生长调节剂浓度过高会形成空洞果,高温日晒会发生果实日灼病,干旱缺钙常产生脐腐病。

番茄种子比果实成熟早,一般情况下受精后 35 天左右的种子已经具有了发芽能力,但胚在受精后 40 天左右才能发育完全,因此,授粉后 40～50 天的种子完全具备正常的发芽能力。种子完全成熟是在授粉后的 50～60 天,但由于番茄种子在果实中被一层胶质包围,而番茄果汁中含有抑制种子萌发的物质,再加上果汁渗透压的影响,使番茄种子在果实内不会发芽。

(三)番茄对环境条件的要求

番茄具有喜温、喜光、耐肥和耐半干旱的生物学特性,在春秋气候温暖、光照较强并且降水少的气候条件下,如果肥水管理适宜,就可保证旺盛的营养生长和生殖生长,获得高产稳产,果实也能充分发育,种子的质量好、产量高。相反,在多雨炎热的气候条件下,番茄植株容易徒长,生长势弱,病虫害严重,果实发育不好,种子质量差而且产量低。

1. 温　度

番茄是喜温性蔬菜,不耐高温,不同生育时期对温度的要求不同。

番茄种子发芽的最适温度是 28℃~30℃,最低发芽温度为 12℃左右,最高不宜超过 35℃。幼苗期适宜温度为白天 20℃~25℃,夜间 10℃~15℃,地温 15℃~22℃。另外,幼苗经过低温锻炼可增强抗寒性,能忍耐长时间 6℃~7℃的低温,甚至短期处于 0℃~3℃也冻不死,但在分苗后的缓苗期,气温要求在 25℃左右,以加快发根和缓苗。

开花期番茄植株对温度反应比较敏感,尤其是开花前5~9 天、开花当天和开花后 2~3 天的时间内要求更为严格,要求白天 20℃~30℃,夜间 15℃~20℃。当白天遇到 15℃以下低温时,开花授粉及花粉管的伸长都会受到抑制,但温度恢复正常后,花粉管的伸长及授粉、受精又能正常进行,这一特性对番茄的保护地生产是非常有益的。但当开花前 5~9 天高于 35℃,开花至花后 3 天内高于 40℃时,也会使花粉管伸长受到抑制,花粉发芽困难,因此,容易引起落花,即使温度恢复正常,损失也无法挽回。

结果期的白天适宜温度是 25℃~28℃,夜间 16℃~20℃。白天温度低,则果实生长速度慢,升至 30℃~35℃时,则果实生长速度较快,但坐果数较少。而夜温过高则不利于营养物质积累,导致果实发育不良。番茄红素形成的适宜温度为 19℃～20℃,温度过低或过高都影响果实的正常转色,低于 8℃番茄红素形成受抑制,果实着色很慢;高于 35℃则番茄红素不能形成。

番茄根系生长最适宜的地温是 20℃～22℃,9℃～10℃时根毛停止生长,5℃以下根系吸收养分及水分受阻。提高地温不仅能促进根系发育,并能使土壤中硝态氮(NO_3^-)含量显著增加,使番茄植株生长发育加速,产量提高。因此,只要夜间气温不高,昼夜地温都维持在 20℃左右也不会引起植株徒长,这对番茄的保护地生产有着重要的意义。

2. 光 照

番茄是喜光植物,整个生育期都要求有较充足的光照,其光合作用饱和点为 70 000 勒,光合作用补偿点为 2 000 勒,光照强度在光饱和点以下,光合效率逐渐降低。因此,在番茄栽培过程中必须保证良好的光照条件,一般光照强度在 30 000～35 000 勒以上的才能维持番茄植株的正常生长。

番茄在不同生育期对光照的要求也不同。番茄种子具有喜暗性,因此,在发芽期基本上不需要光照;有光照反而会延迟发芽,在适温下发芽喜暗性减弱;在低温或高温条件下发芽喜暗性增强。幼苗期对光照要求则比较严格,光照不足则延迟花芽分化,而且分化节位上升,花数减少,花芽质量下降;开花期光照不足,可导致落花落果;结果期光照充足不仅坐果多,而且果实大、品质好。如果光照较弱或连续阴雨天而使光照强度长期低于 25 000 勒,番茄植株就表现为植株瘦弱、茎叶细长、叶薄色淡,同时开花延迟,大量落花落果,果实小且发育缓慢、着色差,畸形果增多,容易出现空洞果和筋腐病果,最终引起产量降低、品质下降。一般情况下,强光不会造成伤害,但如果伴随高温干燥条件,则会引起番茄卷叶或果面灼伤,影响果实产量和品质。

番茄为短日照植物,在短日照环境下,第一花序着生节位较低。因此,在由营养生长转向生殖生长,即花芽分化转变的过程中基本要求短日照,但要求并不是很严格。延长光照时间,则会使番茄叶片干物质产量显著增加,植株更加健壮,所以,只要温度合适,周年都可种植番茄,每天日照时间 12～14 小时,光照强度达 40 000～50 000 勒为番茄理想的光照条件。

3. 水　分

番茄属半耐旱植物,地上部茎叶繁茂,蒸腾作用比较强烈,耗水量大;地下部根系发达,吸水能力强。因此,番茄的整个生育过程需要较多的水分,但不要求经常大量灌溉,也不要求较高的空气相对湿度,一般以 45%～50% 为宜;若空气湿度过大,不仅阻碍正常授粉,而且高温高湿的环境条件还容易使番茄感染病害。

番茄在不同的生长发育时期对水分的需求不同。发芽期需水量较大,一般要求土壤湿度在 80% 以上;幼苗期根系生长较快,地上部分生长慢,需水量较少,为避免徒长和发生病害,土壤湿度不宜太高,以 65%～75% 为宜。第一花序坐果前,土壤水分过多,容易引起植株徒长、根系发育不良,造成落花。第一花序坐果后,茎叶面积迅速扩大,并且随着气温升高蒸腾作用逐渐加强,需水量迅速增加,盛果期达到高峰,此时要求土壤含水量在 70%～80%,并经常保持地面湿润。

处在果实迅速膨大期的番茄,每株每天的吸水量为 1～2 升,不包括土壤蒸发的水分,每天每 667 平方米需补水 4～10 立方米。结果期如果缺水,容易落花落果,或诱发脐腐病,但土壤湿度也不能过大,积水后要及时排水,否则一方面会导致地温不易升高,影响根系的发育和对养分的吸收;另一方面当土壤中含氧量降低至 10% 时会阻碍根系的正常呼吸,降低至 2% 时就会引起烂根死秧。此外,结果期土壤含水量忽高忽低,特别是土壤久旱后遇到大雨,容易发生大量裂果,应注意勤灌匀灌,并注意大雨后及时排涝。

4. 土 壤

番茄的根系发达而且再生能力强,幼苗移栽时主根被截断,容易产生许多侧根,从而使整个根系的吸收能力加强。因此,番茄对土壤条件要求不太严格,但为了获得优质高产,创造良好的根系发育基础,仍以土层深厚疏松、排水良好、富含有机质(3% 以上)的肥沃壤土为宜。

番茄对土壤通气条件的要求比较高,土壤中含氧量降低至 2% 时,植株就会枯死,因此,低洼易涝和结构不良的土壤不适宜种植番茄,在过分黏重、排水不良的黏土上,或在养分流失较严重的沙壤土上,番茄的生长状况则较差。沙壤土通气性好,土温上升快,在低温季节可促进早熟;黏壤土或富含有机质并排水良好的黏土保水保肥能力强,能提高产量。

番茄适合微酸性和中性土壤,以 pH 值 6～7 为宜。番茄在微碱性土壤中生长缓慢,而植株长大后生长良好,果实品质也高,但在盐碱地上生长易矮化枯死;在过酸的土壤上生长易发生缺素症,特别是缺钙症,从而引发脐腐病,因此,当 pH 值小于 5.5 时,应适当施用熟石灰,可明显提高番茄产量。

5. 养 分

番茄生长期长,且连续结果,需要从土壤中吸收大量的养分,为了保证番茄的丰产、稳产,必须施足基肥,同时还需要根据植株生长发育规律,及时追施速效肥料,做好氮、磷、钾的合理搭配。氮肥主要是满足番茄植株生长发育,可促进枝叶生长、增加光合作用面积,是丰产的必需条件;磷肥能促进番茄根系发育和花芽分化,提高果实品质,增加果实色泽,改善果实风味,增强植株抗病力;钾肥可促进果实迅速膨大,提高植株抗旱能力,对细胞内含物浓度的提高及糖的合成与运转有重要作用。

番茄在不同生育期时对肥料养分的吸收量不同。在幼苗期主要是营养生长,需要充足的氮、磷肥,对钾肥吸收量较小;随着植株的生长,对磷肥和钾肥的需求量逐渐增加,果实迅速膨大,钾的吸收量占优势。据测定:每生产 5 000 千克果实,番茄根系需要从土壤中吸收氮 10~17 千克、磷 5 千克、氧化钾 15~25 千克,这些元素有 73% 左右贮存在果实中,27% 贮存在根、茎、叶等营养器官中。番茄植株对氮、磷、钾吸收的比例为 2.5:1:5,对氮和钾的吸收率为 40%~50%,对磷的吸收率为 20% 左右,所以,在施肥时氮、磷、钾的合理配比为 1:1:2。

另外,硼、锌、钼、锰、铜等微量元素也是番茄植株、果实和种子生长发育过程中所必需的营养成分,适当施用含有这些微量元素的肥料对于提高番茄种子产量和改善番茄果实品质有重要作用。

(四)栽培季节和栽培制度

1. 番茄的栽培季节

番茄的种植必须在合适的季节进行,这样才能保证足够的积温,以获得高产、稳产。要确定番茄栽培的合适季节,首先要掌握番茄的生长期所需要的积温。以我国北方为例,在番茄生长的适宜温度范围内,依品种不同,从出苗到开始采收需要 10℃ 以上的有效积温 2 000℃～2 200℃,按结果期 1～1.5 个月计算,还需要 10℃ 以上的有效积温 700℃～1 000℃。这样,栽培 1 茬番茄需 10℃ 以上的有效积温 2 700℃～3 200℃,如果按日平均温度为 20℃ 计算,包括育苗期在内,番茄生长期的理论天数为 135～160 天。

由于番茄是喜温植物,不耐霜冻,因此,在露地栽培中,除育苗期外,整个生长期都必须在日平均温度 15℃ 以上的无霜期内进行。除冬春的低温外,夏季的高温多湿是限制番茄栽培的另一因素,所以,在确定番茄的栽培季节时,必须充分考虑当地的气候条件。

根据番茄的生长期及其对温度的要求,在我国北方地区,露地栽培主要可分为春番茄和秋番茄两大栽培季节。

(1)春番茄 春番茄是番茄的主要栽培季节,在保护地内育苗,晚霜结束后定植于露地,既能缩短露地生长期,提早采收,又能将番茄的结果期安排在温度和光照比较适宜的季节,获得较高的产量。在夏季气温不太高或高温持续时间不长的地区,或采取一定的遮荫措施,生长健壮的番茄也可以越过夏季,一直连续结果到秋季,达到全年丰产的目的。

(2)秋番茄 秋番茄栽培在夏季 6～7 月份的高温季节育苗,而结果期正处在 9～10 月份气温比较适宜的时期。这一茬番茄除增加秋季蔬菜种类外,还可短期贮藏,能保证较长时间的供应。与春番茄相比,秋番茄栽培难度较大,在夏季温度较高的地区,容易发生病毒病;而在无霜期较短的地区,番茄的生长期往往不足,容易受到晚秋低温和早霜的危害。

随着设施园艺栽培的高速发展,番茄的春提早、秋延后和越冬栽培甚至一年一大茬栽培已经成为一些蔬菜主产区的重要栽培方式,做到了番茄的周年生产。

2. 番茄的栽培制度

在一定时期内,同一块土地上,各种蔬菜茬口安排布局的制度称为蔬菜栽培制度,主要包括蔬菜的轮作和间作等。根据当地的自然和经济条件,安排合理的蔬菜栽培制度,可以充分利用自然资源,制订最经济的生产方案,降低生产成本,提高效益,增加农民的经济收入,并能维持生态平衡,有利于蔬菜生产的可持续发展。

(1)番茄的轮作 在同一块土地上,按一定的年限轮换栽种几种性质不同的作物,称为轮作,俗称换茬;而在同一块土地上,不同年份内连年重复栽培同一种作物,称为连作。

番茄多年连作容易造成一些土传性病害,如青枯病、枯萎病和根结线虫等病虫害的蔓延流行;番茄根系分泌的有机酸和酚类物质对番茄有自毒作用,对有益微生物也有抑制作用,影响番茄的生长发育,最终导致产量降低、果实品质下降。同时,对于所需养分,连年不断吸收,必然造成土壤中某些营养元素缺乏,导致养分失调、地力下降,得不到充分恢复。

由于不同蔬菜根系的分布深浅各异,吸收养分的范围各不相同,也没有共同的病虫害,这样不同的蔬菜种类进行合理的轮作能有效地避免或减轻病虫害,保持地力,降低成本,提高产量,增加效益。由于茄科蔬菜有共同的土传性病害,所以,番茄必须与茄科以外的蔬菜实行轮作,轮作年限一般为3～5年。

(2)番茄的间作　在同一个时期、同一块土地上,隔畦、隔行或隔株栽培两种或两种以上的作物,称为间作,也称套作。间作可以充分利用光照、养分等环境条件,提高土地的复种指数,增加经济收益。

番茄对光照、通风条件要求较高,且为支架栽培,适合与矮秧蔬菜如甘蓝、苤蓝、葱、蒜类蔬菜间作,这样既可以增大番茄的受光面积,改变田间的郁闭状态,使番茄生长健壮,增加产量,同时对喜凉、好湿的叶菜也可起到遮荫保湿的作用。

应注意的是黄瓜不宜与番茄间作,原因是:①黄瓜需要经常保持土壤潮湿,而土壤潮湿会使番茄病虫害加重;②黄瓜耐阴且植株较高,而番茄植株较矮且要求充足的阳光;③黄瓜要求以追肥为主,而番茄则以基肥为主,不宜经常追肥,否则会使番茄植株徒长;④番茄和黄瓜有一些共同的病害。

四、番茄制种大棚的设计与建造

（一）番茄制种大棚的主要类型

一般蔬菜生产所用的塑料大棚类型均可用来进行番茄制种。所谓塑料大棚，是指用塑料薄膜覆盖，由一定数量拱架连接而支撑的，具有一定高度的保护地设施。与温室相比，具有结构简单、建造方便、成本较低等优点，一般农户都有能力建造；与中小棚相比，具有坚固耐用、操作方便等优点。由于大棚没有加温设施，也没有草帘覆盖等保温措施，所以，一般在生产上只用于春提早和秋延后栽培。

根据塑料大棚栋数的多少，可以分为单栋大棚和连栋大棚。连栋大棚具有覆盖面积大、温度变化平稳、土地利用率高等优点，但也存在管理技术难度大、天沟积雪不易清除等缺点，同时由于建造成本较高，因而应用较少。目前我国在生产上仍以单栋大棚为主。

按照塑料大棚骨架材料的不同，大棚可以分为竹木结构、钢架结构和钢筋混凝土结构等3种基本类型。此外，还有钢竹混合结构的大棚，推广面积也比较大。

1. 竹木结构大棚

竹木结构大棚为简易大棚，是大棚的最初类型，棚架全部由竹片和木杆建成，具有取材方便、建造容易、成本低等优点，很受广大菜农欢迎，主要分布于小城镇及农村。但竹木使用时间长了容易腐朽,抗风、雪载性能也较差,一般3～5年后需要整修甚至重建。此外,棚内立柱多、遮光率较高,也不利于机械化作业。竹木结构大棚一般每667平方米需投入3 000～4 000元。

竹木结构大棚的基本骨架是"三杆一柱",即拱杆、拉杆、压杆和立柱(图4-1)。拱杆是塑料大棚最重要的骨架,决定大棚的形状和空间构成,还起支撑棚膜的作用;立柱起支撑拱杆和棚面的作用,纵横成直线排列;拉杆可以纵向连接拱杆和立柱,并固定压杆,使大棚骨架成为一个整体;压杆位于棚膜之上两根拱杆中间,主要起压平、绷紧棚膜的作用。

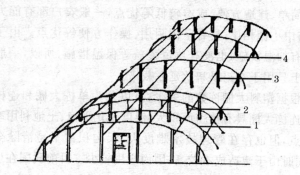

图4-1 竹木结构大棚示意图
1. 拱杆 2. 吊柱 3. 立柱 4. 拉杆

这种大棚的跨度一般为8～12米,长度为60～80米,顶高1.8～2.8米,两侧肩高1～1.2米,拱杆间距1～1.2米。拱杆由直径3～4厘米的竹竿或宽约5厘米、厚约1厘米的竹片连接而成,两端插入土中,其余部分固定在立柱顶端,形成拱形。每3排拱杆设置1排横向立柱,每排立柱由6根直径为5～8厘米的木桩或水泥制立柱组成,两侧对称排列,间距

2~3米。不设立柱的拱杆处设置悬梁吊柱,吊柱一般高20~30厘米,一头固定在纵向拉杆上,一头与拱杆相连。拉杆通常为直径2~3厘米的细竹竿。棚架固定好后,上边覆盖塑料薄膜,两侧拉紧并埋入土中,并用光滑顺直的细竹竿作为压杆将其压紧,压杆与地锚相连固定。也可用8号铅丝、铁丝或尼龙绳代替细竹竿,目前生产中常使用专用的塑料压膜线来代替压杆。

2. 钢架结构大棚

钢架结构大棚的骨架由钢筋或钢管焊接而成,或由镀锌钢管装配而成,其特点是坚固耐用,抗风雪能力强,中间无立柱,光照条件好,操作空间大,便于蔬菜生长和田间管理工作,使用寿命可达10年以上,但所需钢材较多,成本较高,并且钢架需要注意维修和保养,每隔2~3年应涂1次防锈漆,防止锈蚀。钢架结构大棚一般每667平方米需投入2万~3.2万元。

钢架结构大棚跨度一般为10~15米,棚高2.5~3米,长40~60米。拱架(也称桁架)全部由钢筋或钢管焊接而成,包括上弦、下弦和中间的腹杆(拉花),上弦用直径16毫米钢筋或6分管,下弦用直径12毫米钢筋,拉花用直径9~12毫米钢筋。上弦与下弦间的距离在最高点脊部为25~30厘米,到拱脚处逐渐缩小至约15厘米,拱脚处焊一带孔钢板,可以与基座上的预埋螺栓连接。拱架间距离为1.2~1.5米,拱架上横向每隔2米用纵向拉杆固定,拉杆使用直径12毫米钢筋,与拱架下弦焊接或用螺栓衔接,将所有拱架连成一个整体,见图4-2。

装配式管架结构大棚是以热浸镀锌的薄壁钢管为主要骨架材料,由工厂配套生产供应,用户按说明组装而成,具有重量轻、强度好、耐锈蚀、易于装拆、无立柱、采光好、作业方便等优点,但造价较高,一般在经济条件发达的地区应用较多。

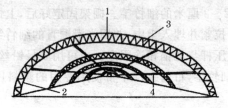

图 4-2　焊接钢筋大棚示意图
1. 上弦　2. 下弦　3. 拉花　4. 拉杆

　　装配式管架结构大棚的拱架、拉杆均用镀锌薄壁钢管制成,钢管壁厚 1.2~1.5 毫米,直径 25 毫米。大棚高度为 2.5~3 米,跨度一般为 6~10 米,长度为 30~80 米。拱架间距 0.6~1 米,纵向有 4~6 道拉杆与拱架由专用卡具连接,塑料薄膜由卡槽和蛇形钢丝弹簧固定。此外,大棚两侧还设有手摇式卷膜装置,见图 4-3。目前,我国已经研制开发出 GP 和 PGP 等多个系列的镀锌钢管装配式大棚,并已在全国推广应用。

图 4-3　装配式钢管大棚

3. 钢筋混凝土结构大棚

钢筋混凝土结构大棚的拱杆和立柱全部由钢筋混凝土制成,在水泥柱内嵌入 4 根直径 6 毫米钢筋(图 4-4)。这种结构大棚骨架所用钢材较少,取材方便,造价大大低于钢架结构大棚,且比竹木结构大棚坚固耐用,抗风雪能力强,棚内立柱少、遮荫面小、操作空间大,便于机械化作业,使用年限长。钢筋混凝土结构大棚一般每 667 平方米需投入 4 000～5 000 元,目前大多数番茄生产或制种基地的大棚均采用这种结构。

图 4-4 钢筋混凝土结构大棚
右下角小图为拱架横断面

钢筋混凝土结构大棚根据跨度大小可分为 8 米和 12 米大棚,8 米大棚的高度为 2.1～2.2 米,覆地 500～1 000 平方米;12 米大棚的高度为 2.8～3 米,覆地 600～2 000 平方米。这种大棚的每一道拱架由 2 根半拱形钢筋混凝土柱组成,拱架间的距离可加大到 1.5～2 米,8 米大棚不设立柱,拱架插入土中并靠拉杆固定；12米大棚只设中间一排立柱，拱架插入土中并靠立柱和拉杆固定。立柱上端呈弧形缺口，用以放置拱架，缺口下方留孔眼，以便拉杆穿过；拉杆使用8号铅丝或钢丝，每60厘米设1根拉杆。目前，钢筋混凝土结构大棚的拱杆和立柱已经实现了工厂化生产，购买比较方便。

4. 钢竹混合结构大棚

钢竹混合结构大棚以钢架和竹木为骨架，既有钢架结构大棚坚固耐用、采光条件好的长处，又有竹木结构大棚经济实用的优点，与钢架大棚相比每667平方米可节约投资1万元左右，比全钢架大棚节约钢材90%左右，一般农户均能负担得起。

钢竹混合结构大棚跨度8～10米，棚高2.2米，肩高1.2米，棚长不小于30米。大棚两端分别埋设7根立柱，棚内无立柱，每隔6米固定1个钢制拱架；纵向拉杆由钢筋或钢管制成，每隔2米设置1道，将拱架连接成整体。在纵向拉杆上每隔1～1.2米向上焊接1根长20～30厘米的吊柱，在吊柱顶上架设竹木拱架。

近年来，国内外又相继开发出用无机胶凝玻璃钢、玻璃丝和玻璃纤维等新型复合材料制成的大棚骨架，强度与钢架结构相当，但重量轻、耐腐蚀、成本低，而且白天吸贮热量，夜间释放，保温性能大大提高。可以预见，这些新型大棚骨架有很大的推广潜力。

（二）番茄制种大棚的设计与建造

在建造番茄制种大棚之前，要综合考虑植株生长特性、当地的自然条件和本身的经济条件,选择合适的场地和大棚结构,做到因地制宜、就地取材。另外,要做好资金预算,争取用最少的资金创造出最大的经济效益。建造大棚时尽量请专业技术人员在现场指导。

由于钢筋混凝土结构大棚和装配式管架结构大棚的骨架都已实现工厂化生产,大部件连接都有固定的连接元件,并且有生产厂家的技术人员现场安装,所以,这里只介绍塑料大棚建造的基本原则以及竹木与钢筋焊接大棚的建造技术。

1. 场地的选择与布局

番茄制种大棚建造场地的选择应注意以下几个方面:

(1) 地势 地势应开阔平坦、背风向阳,周围无高大树木和建筑物遮荫,山区应在南坡建棚,这样的地方采光好、地温高。风口处不宜建造大棚,因为大风容易带走大棚热量并损坏大棚;窝风处也不宜建造大棚,通风不良会导致大棚无法排湿,番茄病害发生严重。低洼和地下水位太高的地块也不适于建造大棚,因为如果土壤水分过多,地温很难升高,不利于番茄根系生长。另外,大棚要避免建在有浮尘和煤烟污染源的附近,以减少塑料薄膜上的积尘,保证大棚的透光率。

(2) 土质 建造大棚以沙质壤土最好,这样的土质地温高,有利于作物根系的生长。如果土质过黏,应加入适量的河沙,并多施有机肥料加以改良。若土壤碱性过大,建造大棚前必须施酸性肥料加以改良,改良后才能施工。

(3) 水源、电力与交通 由于塑料大棚扣棚之后无法接受自然降水,必须靠浇灌才能满足番茄生长的需要,所以,大棚必须建在水源充足的地方。另外,大棚所在地应交通方便,有供电设备,以方便大棚建造、生产管理和产品运输。

（4）大棚方向　　大棚的方向是影响大棚内温度和光照的重要因素。南北延长的大棚东西两侧受光均匀，平均温度冬季低于夏季，适于春秋生产；东西延长的大棚冬季采光条件好，平均温度冬季高于夏季，适于秋冬季节生产。由于番茄制种大棚主要用于春提早栽培，无需考虑冬季采光问题，并且春、秋两季又是南、北风交替的季节，所以大棚方向应南北延长。这样，大棚延长方向与风向平行，可以减少大风对大棚的冲击，同时棚内受光均匀，不同方位温差较小，有利于番茄的生长发育和田间管理。

（5）棚间距离　　如果要在番茄制种基地建造塑料大棚群，棚间距离应保持在棚高的 2/3 左右，为 2～2.5 米，过远浪费土地，过近则影响大棚采光和通风效果，并且固定棚膜等作业也不方便。棚头间距离应为 5～6 米，以便于修筑水渠和农耕机械及运输工具的出入。

2. 塑料薄膜的选择与准备

在选择番茄制种大棚的塑料薄膜时，重点考察其透光性、强度、耐候性和防雾防滴性。理想的塑料薄膜对光合作用有效辐射波段（0.4～0.7 微米）和热效应波段（0.76～3 微米）的透过率较高，这样可以提高番茄叶片的光合作用速率和增加棚内的温度；对波长小于 0.35 微米的近紫外线区域和波长大于 3 微米的红外线区域的透过率要低，因为紫外线能加速薄膜老化和诱发番茄病害的发生，而红外线则是棚内热量向外辐射的主要波段，降低红外线的透过率，可以提高大棚的保温性。

塑料薄膜的强度要求在一定程度上能够承受下落的冰雹以及刮风引起的沙石冲击力、积雪长时间的负重、安装时受到的拉伸力以及大棚骨架不光滑部位的磨损等。塑料薄膜的耐候性主要指防老化能力，要求塑料薄膜在紫外线照射和高温作用下不会变脆，并保持较高的透光率，尽可能延长其使用寿命。当大棚内湿度较高、温度较低时，经常会形成雾滴或在塑料薄膜内表面凝结成露滴，不仅大大降低了薄膜的透光率，而且雾滴和露滴落到植株上容易诱发病害，这就要求塑料薄膜有一定的防雾防滴性，使露滴沿着薄膜表面扩展，最后形成薄水层，顺薄膜表面流入土中而不是滴到植株上。

目前市场上销售的聚氯乙烯（PVC）长寿无滴防尘膜、聚乙烯（PE）多功能复合膜、乙烯-醋酸乙烯（EVA）复合膜以及近年新开发的 PE/EVA 三层复合膜等，都具有强度大、抗老化性能好、透光率高、防滴防尘能力强、隔热效果好等优点，均可用作番茄制种大棚的棚膜。

采用"三大块两条缝法"或"四大块三条缝法"扣棚膜时，要求各块膜之间重叠 30～40 厘米，为拉紧棚膜和通风方便，膜边通常要粘成约 5 厘米宽的膜筒，筒中穿绳（一般使用压膜线）。膜筒的粘接方法是：准备一根平直的木板方条，宽约 5 厘米，长度要视粘接场地大小而定，一般以 1.5～2 米为宜，木板条上粘两层报纸或硫酸纸或牛皮纸以防划破薄膜。将薄膜的一边放到木板条上，将压膜线放在薄膜上，然后将薄膜折回包住压膜线，折回宽度与木板条宽度相同。将薄膜拉紧拉平后，再在膜上铺一层硫酸纸，用已发热的电熨斗（约 200℃）在硫酸纸上稍用力下压并慢慢移动，使硫酸纸下的薄膜受热熔化粘接在一起。稍冷却后，接着粘接下一段。在粘接过程中，电熨斗移动速度不可过快或过慢，过快，则塑料薄膜不能熔化，导致黏接不牢；过慢，则会引起薄膜过度熔化，导致塑料薄膜粘连在报纸或硫酸纸或牛皮纸上。如果塑料薄膜宽幅不符合要求时，也可将两块棚膜重叠 5 厘米按此方法粘接。

3. 竹木结构大棚的建造

竹木结构大棚建造工序包括埋立柱、架拱杆、绑拉杆、扣棚膜和上压杆等工序。

(1)埋立柱 立柱多用杂木杆或水泥柱，事先要在立柱顶端锯成或预留固定拱杆的"V"形槽，槽下方约 5 厘米处钻一小孔以穿铁丝绑住拱杆。为确保牢固，防止大棚下沉和被大风拔起，可在立柱下端钉两根"十"字形横木。另外，为防止木制立柱地下部分受潮沤烂，要在上面涂上一层沥青或油漆。

施工之前，要按规格在地面上确定埋立柱和拱杆的位置，然后在标出的位置挖好深 30～50 厘米的坑，坑要纵横成行，以保证绑成的拱杆弧度一致。埋立柱时要先埋中柱，再埋腰柱和边柱，高度依次递减 20 厘米，使拱架形成拱形。边柱距大棚边缘约 1 米远，并向外倾斜 70°～75°，以增加立柱对拱架的支撑力。

(2)架拱杆 拱杆多用直径 3～4 厘米的竹竿或宽约 5 厘米、厚约 1 厘米的竹片。首先在大棚两侧将拱杆两端埋入事先挖好的坑中，注意与立柱顶端成一直线，然后将拱杆向内弯曲放入立柱的"V"形槽内，用铁丝穿过立柱的小孔将拱杆与立柱绑牢，再用布条或旧薄膜将铁丝包住，以免扣膜后扎破薄膜。绑拱杆时，可两人从中间立柱开始，一起向两端绑。

(3)绑拉杆 拉杆可使用直径 2～3 厘米的细竹竿或杂木条。将拉杆固定在立柱顶端以下大约 30 厘米处，用铁丝拧紧，将立柱连接起来，并调整所有立柱纵横成行，使大棚骨架成为一个坚固的整体。

(4)扣棚膜 应选择晴暖无风天气的上午进行。8 米大棚可采用"三大块两条缝法",即大棚两侧各围一块薄膜,上部再扣一块薄膜,通风时只放两侧边风而不放顶风;12米大棚可采用"四大块三条缝法",即大棚两侧各围一块薄膜,上部再扣两块薄膜,通风时既放两侧边风,又可放上部顶风。

扣膜棚时先从两边的围裙开始,再依次往上覆盖。围裙盖在骨架两侧的下部,用膜筒中的压膜线或绳子将两端拉紧固定后,再用细铁丝把压膜线或绳子固定在每个拱杆上,围裙的余幅埋入预先挖好的压膜沟中踩实。扣大棚上部的薄膜时,首先将薄膜从纵向由两侧向中间卷起,将其卷至棚顶后,分别向左右两侧放下,下部与围裙重叠 30～40 厘米,两端要拉紧压实。

(5)上压膜线　棚膜扣好后,每两个拱杆中间要用压膜线压紧薄膜。压膜线使用专用的塑料压膜线,截成比大棚弧长多出 1.5～2 米的线段,一头拴木棍从大棚一侧扔往另一侧,确定压膜线处于相同的拱杆之间后,将其拉紧使塑料薄膜呈瓦楞形,以利于排水和抗风。最后将压膜线的两头绑好横木埋实在土中,或固定在大棚两侧事先装好的地锚或用地锚固定的铁丝上。

定植前,将大棚门口处薄膜剪开,上边卷入门的上框,两边卷入门的边框,用木条或秫秸钉住,再把门安好,大棚建造完成。

4. 钢筋焊接大棚的建造

钢筋焊接大棚由于自身骨架较重,如果直接安装在田地里容易造成地面下陷,大棚的稳定性无法保证,所以,在建造大棚时首先要做好地基。地基一般用混凝土制成,并在安装桁架处预留螺栓,以便用螺母将桁架固定在地基上。

大棚的骨架需要准备好钢筋就地焊接。首先要按照大棚桁架的设计规格在平台上做好模具，然后将上弦和下弦按模具弯成需要的拱形，最后焊接中间的拉花。桁架焊好后用叉杆架起与地面垂直，并固定在地基上，然后焊接纵向拉梁。焊接拉梁时要把桁架的上弦和下弦都连接起来，使之成为一个稳定的整体；如果只连接下弦而不连接上弦，桁架就有可能失去平衡，发生扭曲倒塌。

钢筋焊接大棚的扣棚膜、上压膜线的工序与竹木结构大棚大致相同，在此不再赘述。

(三)番茄制种大棚内的环境特点

番茄制种大棚由于塑料薄膜的封闭作用，形成了一个相对密闭的、与外界不同的微环境，制种农户要根据大棚内环境的特点合理安排番茄的田间管理。

1. 温 度

由于温室效应的存在，大棚内的气温要高于外界，这也是利用大棚进行春提早和秋延后蔬菜栽培的主要依据。一般情况下，棚内月平均气温在1月份比棚外高5℃～6℃，在7月份比棚外高20℃～21℃。但在3～10月份晴天少云的夜晚，经常会出现棚内气温低于棚外的棚温逆转现象，即"逆温"。这是由于棚内昼夜温度变化快、温差大，晴天夜晚棚内热量向外辐射较多所致，但棚内地温始终要高于棚外。

大棚内气温的日变化规律与外界基本相同，一般最低气温出现在凌晨，最高气温出现在午后。日出后1～2小时棚内温度迅速上升，8～10时上升最快，密闭条件下平均每小时上升 5℃～8℃；13～14 时后温度开始下降，平均每小时下降 3℃～5℃，夜间一般每小时下降 1℃。另外，受太阳照射的影响，塑料大棚内不同部位的气温也不相同，午前东部气温高于西部，午后西部气温高于东部，夜间中部气温高于四周，并且棚内从地面向上气温呈递减趋势。

大棚内的地温一般可比露地高出 3℃～8℃，日变化与棚内气温基本一致，但由于地温比较稳定，所以其变化往往比气温滞后 2 小时左右。晴天棚内地温日变化明显，阴天则日变化很小。太阳出来后，地表温度迅速上升，14 时左右达到峰值，地表下 5 厘米处 15 时达到峰值，10 厘米处 17 时达到峰值，20 厘米处 18 时达到峰值，20 厘米以下的地温很少有变化。一般情况下，大棚中央的地温要高于四周。

2. 光 照

由于大棚骨架的遮蔽和塑料薄膜的吸收，棚内光照强度只是露地的 50%～60%。一般来说，竹木结构大棚的透光率约为 62.5%，而钢架结构大棚可达 72% 以上；新棚膜的透光率在 90% 左右，棚膜老化后可使透光率降低 20%～30%，棚膜黏附了尘土和水珠可使透光率又会降低 20%～30%，这样大棚的透光率仅为 50% 左右。

大棚内光照强度存在垂直差异和水平差异。垂直方向上，越靠近大棚顶部，光照越强，越接近地面，光照越弱。水平方向上，上午大棚内东侧的光照强度大于西侧，下午则是西侧的光照强度大于东侧。

3. 湿 度

棚内空气中的水汽主要来源于土壤蒸发和植株表面的蒸

腾,由于大棚是一个相对封闭的环境,所以棚内湿度一般比棚外要高 10%～20%。通常大棚内空气相对湿度随棚内温度的升高而降低,早晨日出时可高达 100%,13～14 时降至最低;而棚内周边部位的空气相对湿度比中央部位的高 10%。棚内空气相对湿度白天一般为 50%～60%,夜间则在 90% 左右,遇到阴雨天棚内空气相对湿度更大,常导致番茄植株表面和棚膜内表面凝结水滴,极易发生病害,生产上应采取各种排湿措施,如加大放风、抑制蒸腾等措施来降低棚内的空气相对湿度。

4. 气 体

由于大棚内空气很少流动,造成气体尤其是二氧化碳分布不均,植株或叶片密集区二氧化碳浓度常常低于平均水平,有时不到棚外的 1/10,远远不能满足番茄光合作用的需要,使番茄处于长期的饥饿状态,严重影响到番茄的生长发育。早上日出前棚内二氧化碳浓度最高,以后逐渐下降,日落后由于植株的光合作用减弱而呼吸作用加强,再加上土壤有机质的分解和微生物活动,棚内二氧化碳浓度又逐渐回升。虽然利用通风与外界进行空气交换可以提高棚内的二氧化碳浓度,但仍无法完全满足植株光合作用的需要,所以生产上常需补施能释放二氧化碳的肥料。

此外,如果在大棚内施肥不当或使用了未充分腐熟的有机肥,或者使用了不合格的农用塑料薄膜,就会产生大量的有害气体,如氨气、二氧化氮、乙烯和氯气等。由于大棚是一个相对封闭的系统,当这些有害气体无法及时排出而大量积累时,就会对番茄造成伤害。

五、大棚番茄制种的育苗技术

农谚说得好,"苗好三成收",健康无病、抗逆性强的番茄壮苗成花质量好,种子产量高,因此,可以说培育壮苗是大棚番茄制种获得成功的关键。番茄为喜温作物,因此,在冬春育苗必须克服温度低、光照弱等不利条件,这样才能培育出壮苗。

春季大棚番茄定植时壮苗的形态标准是:苗龄 50~55 天,株高 20~25 厘米,下胚轴 2~3 厘米;茎粗在 0.6 厘米以上,节间较短而长度均匀,呈紫绿色;根系发育好,侧根多且呈白色;有 7~9 片真叶,叶色深绿,叶背紫色,叶片肥厚,叶柄较短;第一花序已现蕾且最大的花蕾长度大于 1 厘米,但花萼未伸长、不开张;植株无病虫害,无机械损伤。

番茄壮苗的生理标准是:根、茎、叶中含有丰富的营养物质,束缚水含量多,对露地环境适应能力、抗逆性强,生理活动旺盛,定植大田后能迅速恢复生长。

(一)播种前准备

1. 播种期的确定

以陕西省西安市临潼地区为例,大棚番茄制种最早可在 3 月 10~15 日定植,按苗龄 50~55 天往前推算,播种期应在 1 月 10 日左右。全国其他地区的播种时期应根据当地的气候条件、育苗设施的增温效果和番茄育苗对温度的要求确定。

应该注意的是,如果番茄制种所用的父、母本材料同时播种,那么当母本第一花序开放时,父本可能不能提供足够多的花粉用于杂交。所以,为了使番茄种子成熟期避开6～7月份的高温天气,就必须充分利用母本植株早期开放的花朵,这样就要求父本比母本提前10～15天播种,或者通过调整田间管理来促进父本早开花。

2. 育苗设施的选择

番茄大棚制种播种时正值一年当中最冷的季节,为了满足番茄种子发芽和幼苗生长的需要,选择合适的育苗设施显得十分重要。常用的育苗设施有冷床(也称阳畦)、温床、大棚或温室等。冷床由于没有人工补温措施,保温性能受天气影响较大,尤其是夜间没有太阳辐射进入大棚,气温会急剧下降,所以冷床对于番茄育苗是不安全的。温床可利用酿热物、炉火、热水流或电热线进行人工补温,育苗效果要好于冷床,但仍不是安全的育苗措施。大棚同样由于无人工增温措施,在番茄育苗上的应用也受到限制,目前常用的番茄育苗设施是增温和保温效果更好的温室。

为了确保育苗期间的温度能达到番茄正常生长的需要,临潼地区的制种农户采用将温床搬到温室中的方法,即在温室内的育苗床下约10厘米处排布电热线,以达到双重增温的效果。这样可保证在外界气温为－10℃时,苗床内的温度能保持在10℃以上。也有的制种农户采取大棚内再搭设小拱棚,同时排布电热线的方法来进行番茄育苗,也取得了较好的效果。

3. 育苗床的准备

育苗床的准备包括配制营养土和铺设育苗床两个步骤。

(1)营养土的配制 营养土是供给番茄幼苗所需水分、养分和空气的基础,必须满足以下几个条件:①含有丰富的有机质,以改善土壤的吸肥性、保水性和透气性;②用营养土铺成的育苗床表面干时不裂缝、浇水后不板结;③养分齐全,含有氮、磷、钾、钙等元素;④微酸性或中性,以利于根系对养分和水分的吸收;⑤不含病原菌和虫卵,无碎石块或较大的土块;⑥具有一定的黏性,使移苗时番茄幼苗的根系能多带些土,土坨不易松散。

营养土配制的主要用料是至少 3 年内未种植过茄果类蔬菜的菜园土和腐熟的厩肥或堆肥,配合以腐熟的鸡粪、草木灰、熟石灰和无机复合肥等,以增加肥力、调节酸度。此外,土质过于黏重者可掺入沙子或锯末以增加疏松度,土质过于疏松者可掺入黏土以增加团聚力。

番茄播种苗床营养土的配制方法是:将菜园土和腐熟厩肥或堆肥按 6∶4 的比例混合(分苗苗床则按 7∶3 的比例混合,以增加黏性,使起苗时土坨不散,根系附着牢固),可掺入少量炉灰或细沙以增加疏松度。在临潼地区,有的制种农户利用腐熟锯末保温性好的特点,将菜园土和腐熟锯末按 1∶1 的比例混合,很好地改善了营养土的保温能力。为了提高营养土的肥力,可在营养土中添加三元复合肥,用量约为 2 千克/立方米,混匀后过筛,以去除碎石块和较大的土块。注意不可将含氮化肥与熟石灰等碱性肥料混合放置,以免氮素逸失,最好将二者分层放置,堆好后第二天再混匀,使氮素能被土壤充分吸收。

为防止土传病虫害的发生,还要对营养土进行消毒,方法是:在每立方米配制好的营养土中加入50%多菌灵可湿性粉剂100克,或65%代森锌粉剂60克,或25%敌百虫粉60克,混匀后堆好,用塑料薄膜封严5~7天,使药效充分发挥,使用前摊开晾晒4~5天,让杀菌剂和杀虫剂挥发干净,以免播种后番茄种子发生药害。

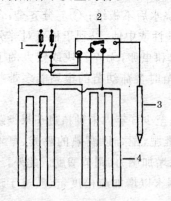

图5-1 番茄育苗床电热线排布示意图

1. 电源 2. 控温仪

3. 感温头 4. 电热线

(2)育苗床的铺设 铺设育苗床时,先在用于育苗的温室或大棚中挖出深10~12厘米的苗床,床底要耙平、踩实。然后按图5-1的方式排布800瓦或1 000瓦的电热线,电热线排成回纹形状,线间距10~15厘米,两端固定在木楔上。电热线上覆土约2厘米厚,整平踩实后铺上8~10厘米的营养土以备播种或分苗,或将装好营养土的营养钵整齐地码放在苗床中,但禁止营养钵与电热线直接接触。为了使育苗床土壤温度保持稳定,还应在线路中设置控温仪。一般情况下,播种床每平方米铺60~90瓦的电热线即可满足需要,寒冷地区可酌情使用较大的功率;分苗床以每平方米50~80瓦为宜。排布电热线时,还应考虑育苗床边际散热效应,在床边布线稍密,使整个床面温度比较均匀,同时注意电热线不能相互交叉、重叠或盘线通电,以免烧断。

(二)播　种

1. 种子处理

番茄大棚制种播种前都要求进行种子处理,以同时达到消灭种子携带病菌、促进出苗、增强幼胚和幼苗抗逆性的目的。

(1)晒种与搓种　催芽前将番茄种子在天气晴朗时晾晒1~2天,不仅可以利用太阳光中的紫外线杀灭一部分附着在种子表面的病菌,减少幼苗发病,而且可以提高种子体温,促进种子内的营养物质转化,提高种子发芽势,还可以减少种子含水量,增强种子的吸水能力,缩短浸种所需时间。但晒种时要注意防止种子失水过快,伤害种胚,同时不能直接在水泥地和金属等升温较快的物体表面上晒种,以免烫伤种子。

晒种结束时趁种子干燥,要把种子表面密生的茸毛搓掉,否则茸毛吸水后容易发生粘连,妨碍种子内外的气体交流,也能造成种子间粘连,影响播种质量。

(2)浸种消毒　浸种是保证番茄种子在有利于吸水的温度条件下,在短时间内吸足从种子萌动到出苗所需的全部水量的主要措施。消毒是利用高温或药剂钝化或杀死番茄种子表面附着的病原菌,切断下一茬番茄植株病害发生的初侵染源。一般情况下,浸种和消毒结合进行,以达到既能全面清洁种子,又能提高种子活力、培育无病壮苗的作用。常用的番茄种子浸种消毒方法有温汤浸种法和药剂消毒法等。在浸种之前,首先要将番茄种子用洁净水浸泡、揉搓,以除去种毛及杂物,漂去秕粒。

①温汤浸种法　温汤浸种所用水温为病菌致死温度55℃,用水量为种子量的5～6倍。浸种时,将种子放入55℃的温水中不断地搅拌,使种子受热均匀,并随时补充温水,使水温在55℃保持约10分钟,然后搅拌使水温降至25℃左右,浸泡8～10小时,准备催芽。温汤浸种不仅可钝化或杀死附着在番茄种子表皮上的病菌,还可以在短时间内软化种皮,促进种子吸水和呼吸。

②药剂消毒法　是指将番茄种子用一定浓度的药剂浸泡,以杀死种皮上病菌的浸种方法。为使病菌萌动,一般先将种子在凉水中浸泡4～5小时,再进行药液消毒。具体做法是:将浸泡过的番茄种子放入药液中,浸泡15～20分钟后用清水反复冲洗至种子表面无药味,然后才能催芽。常用的药液有50%多菌灵500倍液、1%高锰酸钾、10%磷酸三钠、福尔马林(即40%甲醛)、硫酸铜1 000倍液,或农用硫酸链霉素(100万单位)5 000倍液等,这些药剂可以钝化或杀死番茄种子表皮的大部分真菌性、细菌性和病毒性病原体。

以上两种浸种消毒方法可单独使用,也可结合使用,进行复式消毒。

2. 催　芽

催芽是指在种子吸足水分之后,创造适宜的温度、湿度和氧气等环境条件,促进种子中的养分迅速分解以供给幼胚生长。播前催芽可缩短出苗时间,减少烂种、干种等损失,提高出苗率。催芽时用吸水能力强的纱布、毛巾等包裹番茄种子就可以保证湿度,如果包内番茄种子松散,并且经常翻动换气,也可以保证氧气的供应。番茄种子萌发所需的温度可通过以下几种方式提供。

(1)**恒温箱催芽** 将种子用湿润纱布包好后,置于恒温箱中于 28℃~30℃下催芽。这种方法简便可靠,但成本较高,不适合在广大农村推广。

(2)**瓦盆催芽法** 将瓦盆底部及四周垫上保温材料如稻草、麦秸等,将种子用湿润纱布包好放入盆内,再盖一层湿润纱布,置于温室或炕头催芽。

(3)**体温催芽法** 将浸泡好的种子装入纱布袋中,外面再套上一个不扎口的无毒塑料袋,白天放在贴身内衣口袋里,利用体温进行催芽,夜间可将种子包放在被窝里。

(4)**灯泡催芽法** 将水桶放入大缸,水桶周围垫上保温材料。桶中盛温水 8 厘米深左右,水上 8 厘米处吊一盏 40 瓦白炽灯泡,在灯上 8 厘米处放竹篦或其他带小孔平板。平板上铺上湿布,种子平摊在布上,再盖一层湿布,将桶口用湿麻袋片封严,以保持桶内温、湿度。

(5)**电热毯催芽法** 将浸泡好的番茄种子用双层湿润纱布包好后,置于电热毯下催芽,这也是临潼区栎阳镇的制种农户目前常用的催芽方法。

为了使番茄种子发芽整齐,常采用变温催芽,即高温与低温交替催芽,高温为正常催芽所用温度,低温为 $-1℃$ ~ $-2℃$,交替周期为高温 16 小时、低温 8 小时。由于已突破种皮的幼芽受低温影响较大,而尚未萌发的幼芽受低温影响较小,这样就能使大芽等小芽,达到出芽整齐一致的目的。另外,在催芽过程中,每天用温水淘洗种子 1~2 次,以去除种子表面的黏液,注意经常翻动种子包,促进种皮进行气体交换,同时供给种子发芽所需的水分和氧气,并保证种子受热均匀,当超过 70%种子的幼芽突破种皮(俗称"破嘴"、"露白")时即可播种。有的制种农户在播前还将种子包放到 20℃~22℃

12 小时、−1℃～−2℃ 12 小时的温度周期下锻炼胚芽 1～2
天,这样既可以提高幼芽的抗寒能力,加快发育速度,还能使
开花期提前。

3. 播　种

为促使番茄种子尽快出苗,应选择晴天上午播种。播种
前用温水(也可用温室或大棚内的贮存水)浇透育苗床上的营
养土,待水渗下后播种;也可提前 3～5 天浇透床土,然后覆盖
塑料薄膜并接通电热线,待床土温度稳定在 15℃以上时播
种。这一次浇水一定要浇透,要保证从播种到分苗(2～3 片
真叶)期间不再浇水,这是幼苗能否正常出土和健壮生长的关
键。

播种时先在育苗床上撒一层护种土,避免番茄种子与泥
泞的畦土直接接触,造成糊种,同时可用护种土将育苗床的凹
处填平。播种时为了撒种均匀,通常将露白的种子用干燥的
营养土或细沙拌匀,然后均匀地撒播在育苗床上。播种面积
和播种量按每 667 平方米定植大棚需苗床 10 平方米、用种量
25～30 克计算。

播好后用营养土在种子上均匀地撒一层覆种土,厚度约
为 1 厘米。注意覆种土不能过厚也不能过薄,过厚子叶出土
延迟甚至不出土,过薄容易造成子叶带帽出土(子叶将种壳带
出土面),影响光合作用和叶片生长(图 5-2)。覆完土后再加
盖一层塑料薄膜,以减少床上水分的蒸发、稳定床土的温度,
使其保持在白天 25℃～28℃,夜间 15℃以上。但床温过高
时,覆盖薄膜很可能引发烂籽,须特别注意。

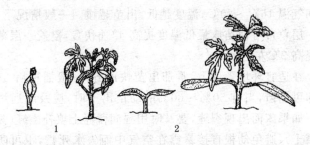

图 5-2　番茄的带帽苗与正常苗
1. 带帽苗　2. 正常苗

（三）苗期管理

苗期管理是培育番茄壮苗的重要环节,由于幼苗生长时间长并且外界环境变化频繁,所以苗期管理应注意随时观察幼苗状况和天气的变化,以采取相应的管理措施,使幼苗的生长有促有控、促控结合,达到培育壮苗的目的。

根据育苗过程中不同时期管理重点的不同,可将番茄的苗期管理大致分为出苗期和幼苗生长期两个时期。

1. 出苗期管理

番茄出苗期是指从播种到破心(2 片子叶完全展开、初生真叶显露)这段时期,根据幼苗对环境条件要求的不同,此期又可分为出苗和齐苗 2 个阶段。

（1）出苗阶段　指从播种到大部分幼苗出土的阶段。此阶段的管理重点是保持育苗床内适宜的温度和土壤湿度,保证种子及时出苗。所以在管理措施上要加强覆盖,不通风,尽量使育苗床白天气温保持在 25℃～30℃,地温 22℃～25℃,

夜间气温 16℃～20℃,温度越低,出苗越慢。一般情况下,覆盖一层草帘可使苗床最低温度提高 4℃～6℃,覆盖一层薄膜可提高 2℃左右。

在适宜环境条件下,番茄出苗快而齐,一般播种后 3～5 天即可出苗,当有 50%～60% 的幼苗出土时,应及时通风降温。如果床面出现裂缝,要及时用湿润营养土填补土缝(弥缝保墒土),避免幼根直接暴露在空气中而失水死亡,也可防止床土水分过度蒸发。如果由于覆土过薄而出现子叶带帽出土现象,可再覆一层湿润营养土,即"脱帽土",增加土表的湿润度和压力,以助子叶脱壳。

在苗床湿度管理上要防止床面长时间偏湿,常用措施是向床面撒干营养土吸湿,一般种子开始顶土时撒一次,出齐苗后再撒一次齐苗土,每次约 0.5 厘米厚。出苗后撒土要在叶面上无水珠时进行,以免污染叶面。如果床土过干出现板结,可用细孔喷壶适量浇水增湿。

(2)齐苗阶段 是指幼苗从出土到破心的阶段。该阶段的管理重点是增光、降温、降湿,防止徒长苗,确保苗齐和苗壮,并及时防治病虫害。

子叶出土后,番茄幼苗就逐步过渡到独立生活,所以在管理上应根据天气情况适时揭盖草帘,给予充足光照,即使阴雪天气也要揭帘见光,或用灯泡给苗床补光,使子叶变绿以进行光合作用,为幼苗的生长提供营养。如果光照不足,将会因为营养缺乏而影响苗茎变粗、子叶变大和根系扩展,形成茎细、叶小、根浅的营养不良苗。

当苗床大部分种子出苗后,要开始通风降温,因为高温特别是夜间高温容易引起幼苗下胚轴生长过快而徒长,形成高脚苗(图 5-3)。一般情况下齐苗阶段的温度要求比出苗阶段降低5℃左右,保持在白天20℃～25℃,夜间12℃～15℃,白天温度低于20℃、夜间温度低于10℃时要注意提高温度,温度长时间偏低容易引起幼苗猝倒病。

番茄出苗后对苗床湿度的要求不再严格,但适当控水、保持苗床相对干燥,可以促进根系扩展和养分积累,对培育壮苗十分有利。降低床面湿度常用的方法是加强通风和向床面撒干土,由于此时外界温度偏低,不宜长时间通风,所以一般采用撒土法来控制湿度。

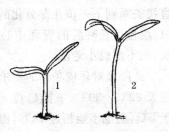

图 5-3　番茄的正常苗与徒长苗
1. 正常苗　2. 徒长苗

如果播种量过大,造成幼苗拥挤,为防止幼苗徒长,待幼苗出齐后可以进行间苗,按照"去弱留壮、去小留大、去病留好"的原则,拔除过密和不正常的幼苗,达到子叶间不碰、不挤、不重叠的状态。间苗要在晴朗无风的中午进行,以免幼苗受冻,间苗后立即撒一层湿营养土,盖住露出的根系并对苗床进行保湿。间苗量不宜过大,以幼苗间不发生拥挤为标准,必要时可进行多次间苗;如果育苗量不足,间出的苗不能丢弃,要移植到另外的苗床中培养。

2. 幼苗期管理

幼苗期指从破心到适宜定植这一时期。根据番茄幼苗生长特点和管理要求,可分缓慢生长、分苗、快速生长和定植前炼苗等4个阶段。

(1) 缓慢生长阶段　该阶段是从番茄幼苗破心开始,到2～3片真叶分苗前结束。特点是幼苗生长比较缓慢,生长量较小,植株组织幼嫩,对不良环境抵抗能力差,再加上此阶段正处于由营养生长向生殖生长过渡的阶段,植株分化大量叶原基,同时开始形成花原基。因此,这一阶段幼苗生长的好坏直接关系到下一步花芽分化的质量和叶片与根系的生长。所以,缓慢生长阶段的管理中心仍在根、茎、叶,保证幼苗不徒长,也不形成小老苗。

此阶段对环境条件的要求较为严格,要求温度适当提高,白天 22℃～30℃,不能超过 35℃;夜间 12℃～15℃,不能低于 8℃,但也不能超过 20℃,温度长时间偏低,容易形成小老苗。苗床要经常保持半干半湿润状态,土壤湿度过小时,幼苗吸水不足,植株生长受阻,时间长了容易形成老化苗;土壤湿度过大时,苗床通透性差,根系无法扩展,根群小,不利于培育壮苗。

此阶段应尽量延长幼苗见光时间,否则光照不足时,幼苗体内的营养积累不足,难以形成壮苗,而且还能引起徒长苗。

如果苗床床土肥沃,此阶段一般不需追肥,但如果床土肥力较薄,或分苗期延迟,导致幼苗在苗床内生长过大而养分不足时,还应适当追肥。幼苗缺肥的症状是茎细、叶形狭小、叶色淡绿发黄等。追肥应在 10 时至 15 时之间温度较高时进行,由于幼苗需肥量小,所以追肥浓度不能过大,一般使用稀释 10 倍的腐熟人粪尿,不慎淋在幼苗茎叶上的粪液要用清水冲洗干净,以免烧伤叶片。也可使用 0.2% 磷酸二氢钾进行叶面追肥。

(2) 分苗阶段 是指从分苗前的锻炼开始到分苗后幼苗恢复生长结束这一阶段。随着番茄幼苗的逐渐长大,育苗床便会显得非常拥挤,为了改善光照和土壤营养条件,必须进行分苗(也称"假植"),将幼苗从育苗床移植到生长空间更大的分苗床。

①分苗时间 番茄分苗的最佳时期为两叶一心,此时幼苗正处于花芽分化前,分苗对花芽分化的影响不大,而且此时幼苗根系较小,叶面积也不大,移植不易伤根,蒸腾强度小,容易成活,并能促进侧根的大量发生。分苗过早,幼苗对不良环境的抵抗能力较差,移植后不易成活;分苗过晚,伤根比较严重,容易造成植株萎蔫,延长缓苗时间,并且在花芽分化期间分苗会降低花芽质量,造成落花、落果和形成畸形果。

分苗前 3～4 天要通风降温和控制水分,对幼苗进行适当的低温和低湿锻炼,通过减缓植株的生长速度来硬化其器官组织,增强对不良环境的抵抗能力,以利于分苗后的恢复生长(缓苗)。炼苗期间的适宜温度是白天 25℃,夜间 10℃左右。

②分苗方法 分苗的方法有两种:一种是将幼苗分在苗床里的营养土中;另一种是把幼苗直接分到装有营养土的营养钵里。前一种节约空间,成本也低,但定植时还要起苗,容易伤根,缓苗时间较长,后一种所需空间较大,成本较高,但定植后缓苗快。目前两种分苗方法使用都比较多,但为了使番茄种子能提早上市,临潼地区的制种农户一般将番茄幼苗直接分到营养钵中。

分苗床可设在温室或大棚内,可以使用近 3 年内未种植过茄果类蔬菜的菜园土,也可以使用专门配制的分苗营养土(具体见上述"营养土的配制"),床土的厚度为 10～15 厘米。临潼地区分苗时间大概在 2 月 10 日左右,此时外界温度还比较低,分苗床可利用电热线等进行加温,使土壤温度有所提高,便于秧苗根系较快地恢复生长,缩短缓苗时间。

苗床分苗有两种方法,即暗水分苗法和明水分苗法。暗水分苗法是先开沟浇水,待水渗后再摆苗埋土的方法,这种方法下湿上干,地温几乎不受影响,缓苗快,但工效较低,温度较低的北方地区使用较多。明水分苗法是先开沟摆苗,再埋土浇水的方法,这种方法操作简单,但地温下降较多且床面容易板结,温度较高的南方地区使用较多。分苗时开沟的深度为5厘米,行距10厘米左右,苗间距10厘米左右。摆苗时,番茄幼苗要紧贴外侧沟壁,苗应摆直,根须舒展;从沟中挖出的土要在埋土时全部还回,以保持苗床土面平整。

营养钵分苗一般采用10厘米×10厘米规格的塑料营养钵,或使用该规格的纸筒和土钵(图5-4)。分苗前将床土装到营养钵内,一般仅装九成满,待浇透水后,营养钵内有8厘米厚的床土,移苗覆土后,床土的总厚度9厘米左右即可。临潼地区制种农户的做法是:先将装好营养土的营养钵浇透水,待水完全下渗后,用竹棍在营养钵中间戳一适宜深度的小洞,将番茄幼苗放入。覆完土后,将营养钵整齐地摆放在苗床中,使后排营养钵对着前排营养钵间的缝隙,摆成蜂窝状的六角形,营养钵之间的缝隙再用营养土填充,以免透风失水。如果分苗环境温度较低,可在床底每隔1~2排营养钵夹设一道电热线。

图 5-4　营养钵的几种类型

1. 塑料钵　2. 纸钵　3. 土钵

③分苗注意事项 在分苗过程中还要注意以下几点。

一是分苗应在无风晴朗的天气进行,这样土壤增温快,有利于幼苗发根缓苗。

二是分苗前1天要给育苗床浇透水,以便带土起苗,这样有利于保护幼苗根系,加快缓苗。

三是起苗要用小铲子,不能用手直接拔苗,以保护幼苗根系。

四是分苗应选用健壮苗,拔除病苗、徒长苗和弱小苗。

五是不要用手捏苗茎,幼苗茎秆较嫩,容易造成损伤,要用手轻捏幼苗子叶。

六是注意幼苗分级,大苗分到温度较低的地方,小苗分到温度较高的地方,以保证幼苗生长一致。

七是注意幼苗栽植深度,靠近热源的地方要埋住子叶,远离热源的地方要露出子叶,以保证缓苗一致,徒长苗最好采取卧栽法,即把苗茎斜栽入床土中,使苗根的实际入土深度与正常苗一致。

八是由于番茄的花芽是连续分化,所以一般只进行1次分苗,以免花芽数目减少和花芽质量降低。分苗次数过多,对根系的伤害也就越重,容易造成根系过早老化、吸收能力减弱,导致幼苗生长因营养供应不足而受到抑制,形成老化苗。另外,多次缓苗会使育苗时间延长,从而相应地推迟定植时间,那么番茄种子上市也会被迫推迟,制种农户的经济收益就会降低。

④缓苗 分苗完成后要进入缓苗阶段,此时幼苗根系因受到分苗伤害而吸收能力减弱,容易引起幼苗萎蔫,因此,这个阶段的管理目标是促进幼苗早发新根、恢复生长。此阶段对温度的要求是白天25℃～30℃,夜间15℃左右,地温16℃

左右;对湿度的要求是床土表面保持湿润,空气相对湿度为80%～90%;对光照的要求是中等强度。温度偏低,幼苗不易长出新根,如果再加上土壤湿度也偏高,还容易发生沤根;温度偏高,幼苗失水过快,容易发生萎蔫甚至干枯。光照不足,叶片制造的营养对根系的供应减少,不利于根系生长;光照过强,容易加快幼苗失水,造成萎蔫。所以,在分苗后要立即搭建小拱棚,覆盖塑料薄膜,同时苗床3～4天内不通风,创造高温、高湿的环境条件,并且晴天中午要利用草帘等进行短时间遮荫,以防强光直射,午后揭草帘见光,夜间加盖草帘保温。

(3)快速生长阶段 该阶段从幼苗恢复生长(分苗后5～7天)开始到定植前1周结束,是培育番茄幼苗的关键时期,特点是幼苗生长快,是主要功能叶和根系的发生和生长阶段,并且早期花的分化将在此阶段完成。因此,该阶段的管理重点是保持适宜的温度和湿度,给予充足的光照,及时防治病虫害,以促苗壮根,培育适龄壮苗。

番茄幼苗快速生长阶段应进行大温差、促控结合的管理。白天保持25℃～32℃的较高温度,促进幼苗快速生长,不能低于20℃或高于35℃,温度过低会影响植株花芽分化,造成日后畸形果增多;温度过高会造成幼苗徒长,不健壮。夜间保持12℃～15℃甚至10℃～12℃的低温,不能低于10℃或高于20℃,以控制幼苗夜间的呼吸消耗,积累养分,为培育壮苗和花芽分化提供充足的营养,同时也可以防止幼苗徒长。

此阶段苗床湿度不宜过高,否则幼苗会因生长过快而发生徒长,还会使苗床透气性降低,根系生长受阻,容易引发病害。因此缓苗后应开始通风,并且在保证温度的前提下要多通风、通大风;如果温度偏低而无法通风时,可采取向床面撒干营养土来吸湿的方法。

随着番茄幼苗逐渐长大和外界气温逐渐升高,可在分苗床表土略干(俗称"发白")时酌情浇水,浇水量宜小不宜大,以水分下渗后能使幼苗根系周围的床土湿润为宜。根据番茄幼苗叶片的颜色也可判断床土的水分状况,若秧苗心叶、老叶均呈浅绿色,表明水分过多;若心叶、老叶均为深绿色,表明幼苗缺水;若心叶浅,老叶深,说明水分合适。如果浇水不及时,番茄幼苗就会出现萎蔫,形成小老苗。浇水时间一般应在晴天的中午前后进行,因为这段时间温度较高,浇水后床温不致过低,浇水后要撒干营养土或适当通风,以降低空气湿度,并可防止床面板结。为确保植株生长和花芽分化,在幼苗4~5片叶前不能缺水,此后可适当控水。

另外,大棚及苗床不透明覆盖物要及时揭去,尽量延长光照时间,天气较暖的中午,还可让幼苗直接接受光照,促进幼苗的发育。遇连续阴天时,可使用电灯泡补光。

如果叶面呈现黄绿色,说明番茄幼苗已经缺肥,可在晴天喷0.2%尿素或0.2%磷酸二氢钾或二者的混合液,这对番茄有明显壮苗作用。此外,在番茄幼苗生长过程中还应结合中耕及时拔除杂草及病苗,避免与健康幼苗争夺水分、营养和光照。

(4)定植前炼苗阶段　该阶段指定植前1周左右的时间。管理重点是降温控湿、加大昼夜温差,以增强番茄幼苗对不良环境的适应能力,使幼苗定植后能早缓苗、早发棵(新叶开始生长)。由于大棚栽培环境和育苗环境存在着比较大的差异,如果不对番茄幼苗进行低温干旱锻炼,而是把幼苗直接从分苗床移植到大棚内,就会因为环境不良而使幼苗缓苗时间延长甚至死亡。

炼苗时采取逐步降温法,以免骤然降温引起幼苗不适应而导致死亡。前 3 天白天温度降低至 20℃左右,夜间 10℃～12℃;以后几天白天温度再降至 15℃～20℃,夜间 8℃～10℃。首先揭去草帘,然后再逐渐增加通风量,使幼苗生长在与大棚相对一致的温度条件下。耐干旱锻炼主要是控制浇水,保持植株不萎蔫即可,局部植株萎蔫时要及时补浇小水。

对于生长过旺和有徒长现象的幼苗,可喷洒 500 毫克/千克矮壮素,促使幼苗叶色由淡绿色转为浓绿色,节间由细长转为短粗。

炼苗后,番茄的茎秆更粗壮,茸毛更密,叶色深绿并呈淡紫色,但炼苗不可过度,以防成为"僵化"老苗或"花打顶"的畸形苗。通风时要注意放风口要由下向上逐渐拉大,同时还应注意风向,不要让冷风直接吹到幼苗,以防闪苗。

(四)育苗常见问题及对策

在冬春保护地番茄育苗期,经常会遭遇寒潮、降雪、重霜、阴雨等恶劣环境条件,容易引发生理障碍和病害的大面积发生,此时如果不能及时采取有效的防御措施,将会形成病苗、死苗,严重时造成幼苗成片枯死甚至全苗床毁种。为此,针对在育苗过程中易出现的问题,进行合理的田间管理和病害防治,是培育无病壮苗的重要保障。

1. 出苗问题

(1)不出苗 原因主要有两个:一是种子质量低,二是苗床环境差。制种农民所用番茄种子一般由种子公司提供,经过严格检测,质量一般不存在问题。而苗床温度过高或过低、床土湿度过大或过小、床土透气性差、床面板结等不良因素均会影响种子发芽,甚至使已发芽的种子霉烂或干死。解决办法是,先找出不出苗的原因,然后针对存在的问题对症下药,如果种子已经失去生活力,要及时改善苗床环境条件后立即补播。

(2)出苗不整齐 表现为出苗时间不一致和出苗分布不均两个方面。种子成熟度不一致、催芽时温度不均、撒种不均、播种后覆土厚度不一致和育苗床环境条件不一致等因素都有可能引起番茄出苗不整齐。如果是出苗时间不一致,就要采取"既促又控"的办法,白天温度稍高促进出苗,夜间温度稍低减少呼吸消耗,培育壮苗;分苗时要注意大小苗分开。如果出苗分布不均,在苗量足够多的情况下进行多次间苗,若苗量不多,可把间出来的幼苗栽植到另外的苗床上精心管理。

(3)幼苗带帽出土 原因是种子种壳硬、生活力低,苗床底水不足,播后覆土过薄等。出现这种现象时要及时再覆一层细土,如果床土发干,要先喷水后再覆细土,这样可帮助幼苗脱帽。对于已带帽出土的幼苗,可在上午幼苗刚出土时,趁种壳柔软湿润时,用手轻轻剥掉种壳。

2. 徒长苗和僵化苗

徒长与僵化是幼苗在形态上表现相反的两种现象,当温度尤其是夜温过高、土壤湿度过大、光照过弱及植株密度过大时会引起幼苗徒长,导致番茄高脚苗的形成;当幼苗处于苗床温度长期过低或床土过于干旱等不适环境下时,则会出现僵苗现象,表现为植株矮小、茎细、叶小、根少,不易产生新根,定植后缓苗期长,易落花落果。幼苗出现徒长后,要及时通风降温、控水降湿,并设法改善苗床的光照,必要时可进行间苗,待长至 2 片真叶时要及时分苗。喷洒 300～500 毫克/千克矮壮素或多效唑也可使番茄幼苗叶片浓绿、茎秆变粗,效果也很好。当出现僵化幼苗后,要适当提高苗床温度,改控苗为促苗,并及时浇水,防止苗床干旱,必要时可喷施 10～30 毫克/千克的赤霉素溶液,用药量为每平方米 100 毫克时效果较好。

3. 低温伤害

床温长期偏低容易导致番茄发生低温伤害,受害幼苗子叶小、上举,叶缘失绿,干枯、变白,真叶叶背向上反卷,叶缘逐渐暗绿、干枯、皱缩,严重时整个叶片萎蔫,呈水渍状,甚至干枯,顶叶黄化。

如果只是轻微低温伤害,可通过缓慢升温来补救,使番茄叶片功能逐渐恢复;如果受严重低温伤害而无挽救希望时,应尽早重新播种。为防范再次遭受低温伤害,要修整保温差的苗床,管好草帘的揭盖,升温增光,培育壮苗。此外,在寒潮、雨雪天气来临前,要加盖临时保温材料或喷洒抗寒剂如 27%高脂膜乳剂 80～100 倍液,或 72%农用链霉素 4 000 倍液,或抗寒剂 1 号(α-萘乙酸钠)等。

4. 沤　根

沤根是番茄育苗时经常发生的一种生理性病害,其症状是幼苗根部变褐老化,主根腐烂脱皮,茎基部坏死,不发新根,地上部叶色变黄,萎蔫,叶缘枯焦,生长缓慢,病苗易拔起,严重的萎蔫枯死。发病的主要原因是苗床地温低、昼夜温差大、湿度大和通气性差。番茄根系生长的适宜温度为 20℃～30℃,低于 13℃时生理功能下降,6℃～8℃生长停止,只有棚内保持夜温不低于 15℃,才能保证地温在 20℃以上,所以昼夜温差大容易造成白天气温高、夜间地温低,这样白天地上部分蒸腾过大而地下根系发育不良、吸水能力减弱,最终引起植株萎蔫。另外,苗床湿度大、透气性差也容易导致根系缺氧窒息、生活力降低。

防治番茄幼苗沤根主要从加强苗床管理入手。主要措施包括:①选择透气良好的土壤制作苗床;②苗期最好少浇水,地面不发白不浇水,必要时可选择晴天上午浇小水,控制苗床湿度;③加强育苗期的地温管理,夜间棚温不能低于10℃,这样地温就不会低于13℃;④适时揭盖草帘,增强光照,加强炼苗,培育壮苗;⑤发生沤根后,要及时通风排湿,也可撒施细干土或草木灰吸湿,并采取措施提高地温;⑥叶面喷施爱多收(5-硝基愈创木酚钠)6 000 倍液加甲壳素 8 000 倍液,可促进幼苗生根。

5. 闪　苗

在炼苗过程中如果放风过猛很容易发生闪苗现象,因为骤然通风会造成苗床内外空气剧烈交换,引起苗床内的温度和湿度骤然下降,而番茄幼苗柔嫩的组织无法适应这种环境条件的剧烈变化,导致叶绿素被低温破坏而使叶色发白,叶片过度失水而使叶缘干枯、叶片萎蔫。为防止闪苗,需要在炼苗时给幼苗一个逐步适应的过程。培育壮苗,幼苗要经常通风,并且放风量必须逐步增大,使苗床内的温度和湿度逐步降低,这样一般不会出现闪苗现象。如果幼苗出现萎蔫现象,要立即把覆盖物盖好,短时间萎蔫还能恢复,这样反复揭盖几次使幼苗适应外界气候。

6. 氨气危害

苗床内施用的大量有机肥分解时,或者施肥不当均会释放氨气,如果苗床通风不畅,造成氨气积累,就会发生氨气危害。氨气危害番茄叶片的症状是受害部位形成不规则的水渍状褪色斑,后变为褐色,叶片干枯,潮湿时坏死部位很容易遭病菌侵染;严重时全株枯死,类似受冻害死亡的植株。避免氨气危害的方法是科学施肥,有机肥要充分腐熟并深施,与土壤混匀,避免偏施氮肥,不要将可以产生氨气的肥料撒施在地面上。平时应加强通风,使苗床内外的气体及时充分的交换。如果已经发生了氨气危害,可及时通风换气、浇水缓解。遇阴天不能放风时,由于氨气属碱性,可在叶背喷施 1‰ 的食用醋,也能明显减轻危害。

7. 苗期主要病害

番茄育苗期间发生的病害主要是猝倒病和立枯病。

(1) 猝倒病 苗床内长时间低温高湿的环境条件极容易引发番茄猝倒病,幼苗出土前染病可导致烂种和子叶枯死,但常被制种农户误认为是种子发芽率问题。幼苗染病可导致苗茎与地面接触的地方颜色失绿变淡,呈水渍状,以后病部收缩变细,呈线状,经阳光照晒后,幼苗失去支撑能力折倒、死亡,此时幼苗尚未萎蔫,湿度大时病苗或病苗附近的地面有白色絮状霉层产生。光照不足,幼苗生长势弱、抗病力差也比较容易发病。

猝倒病属真菌性病害,病菌可在病残体或土壤中越冬,所以育苗前一定要做好营养土的消毒工作,一旦发现病苗要立即拔除,并在周围的苗床上撒生石灰消毒,以免病菌蔓延。防治应以加强苗床管理为主,药剂防治为辅。具体防治方法:①注意提高苗床地温,使其保持在 16℃ 以上,并防止出现10℃ 以下的低温;②降低苗床湿度,出苗后尽量不浇水,必要时可选择晴天喷水,切忌大水漫灌,苗床湿度过大时要在表面撒些细干土或草木灰吸湿;③注意通风,增强光照,培育壮苗,并及时间苗、分苗,以利于通风透光;④药剂防治可选用75%百菌清可湿性粉剂(或72%锰锌·霜脲可湿性粉剂)600倍液,或72.2%霜霉威水剂(或69%安克锰锌可湿性粉剂)800倍液,或64%噁霜灵可湿性粉剂(或70%丙森锌可湿性粉剂、58%瑞毒锰锌可湿性粉剂)500倍液等。

(2)立枯病 也称"霉根",发病条件与猝倒病相似,但大多发生于育苗中后期。播种过密、通风不良、施用未腐熟肥料、温度高、湿度大、光照不足、幼苗生长细弱的苗床最容易发病。发病时幼苗茎基部产生暗褐色椭圆形病斑,病斑逐渐变褐向内凹陷,幼苗茎部缢缩,在阳光下萎蔫,无光照时恢复。经几日反复,当病斑发展到绕茎一周时,茎叶逐渐干枯死亡,但死苗一般不倒伏,在苗床湿度较高情况下,茎基部出现稀疏淡褐色蛛网状霉层。

番茄立枯病属于真菌性病害,防治要注意控制温度,床温白天保持在20℃~25℃,夜间降到15℃~17℃,并及时通风降湿,阴天在保证温度的情况下也要进行通风排湿,注意幼苗防病和炼苗,避免出现弱苗、病苗或苗龄过长。药剂防治可参考猝倒病。此外,也可使用20%甲基立枯磷1 200倍液,或5%井冈霉素水剂1 500倍液,或95%噁霉灵可湿性粉剂2 000~3 000倍液,或50%异菌脲可湿性粉剂1 000~1 500倍液。发病后,可在茎基部施用拌种双或噁霉灵药土。

六、大棚番茄制种的田间管理

与利用大棚进行番茄生产不同,大棚番茄制种并不以提高果实的品质和产量为最终目的,而是以提高种子的品质和产量为最终目的,所以在田间管理上也与番茄生产的要求有所不同。

(一)定植前准备

由于番茄病害较多,为避免或减轻病害的发生,制种田应选择3年左右未种植过茄科作物的田地,前茬最好是肥沃的大田作物,如花生、大豆、谷子、小麦等,洋葱、韭菜、大蒜等辛辣作物也是比较好的前茬,其次是萝卜、大白菜、甘蓝、菜豆等。

番茄为深根系植物,为促进番茄根系向纵深发展,应选择排灌良好、耕作层深厚、富含有机质的沙壤土或壤土地块。在前茬作物收获后及时清除枯枝败叶,在冬季上冻前深耕25～30厘米,翻后不耙,可使土块松散,有利于土壤风化,蓄水保肥,加深耕作层,消灭土壤中的病原体和虫卵、虫蛹。翌年春天可结合施基肥再次翻地,然后平整土地,划线起垄。

番茄是喜肥耐肥蔬菜,需肥量大,而基肥是番茄田间生长所需养分的主要来源,因此番茄定植前一定要施足基肥。基肥在定植前15天左右施入,其中2/3的肥料可结合翻地施入,另外1/3可结合整畦施入到定植行内。番茄对基肥的要求是每667平方米施入5 000～7 500千克的有机肥,同时施入 50 千克过磷酸钙或 25 千克复合肥,以促进氮肥的吸收,提高光合效率,防止早期卷叶或败秧。用鸡粪作基肥时要充分发酵、捣碎、深施,并且提前 2 个月施用,以免发生氨气中毒或烧根死苗。基肥要采取条施或分层均匀撒施,这样可以防止番茄生长中、后期缺肥早衰。父本材料需肥量不大,施肥量可根据不同田块肥力而定,保持中等肥力即可。

大棚制种番茄多采用起垄栽培,垄上覆盖地膜。起垄之前要精细整地,做到土块细碎,无大块硬块,垄面平整,不出现坑洼,这样才有利于地膜贴紧畦面。垄要做成南北走向,一般垄宽 70~80 厘米(父本垄宽可比母本减少 10~15 厘米),沟宽 40~50 厘米,跨度为 8 米的塑料大棚可起垄 5 条,12 米塑料大棚可起垄 8 条。垄高 15 厘米左右,垄面中间开小沟以进行膜下灌水,或铺软管滴灌带。最后是铺地膜,地膜一般采用 80 厘米宽幅,铺膜时一定要扯紧,与垄面紧密接触,以尽快提高地温并防止以后滋生杂草。

(二)定 植

1. 定植时间

具体定植时间应根据大棚内温度的实际变化情况、有无前茬作物以及大棚薄膜覆盖的层次等来确定。早春番茄幼苗对早定植特别敏感,甚至早 1~2 天成熟期都有差别,所以当番茄幼苗长至 5~7 片真叶,50% 的幼苗现蕾,达到定植标准时,在不受冻害的前提下,定植时间愈早愈好。但如果定植过早,温度低、缓苗慢,而且容易发生冷害;定植过迟,种子成熟期可能遇到 6~7 月份的高温天气,容易发生病毒病,造成种子产量和质量下降。一般来说,塑料大棚内夜间最低气温在4℃以上、10厘米地温在10℃以上,稳定7~10天后即可定植。如果采用多层覆盖,如地膜上扣小棚,小棚上再加盖草帘,其防寒保温性能就会大大增强,可提早播种与定植。

以陕西省临潼地区为例,如果采用单一大棚,定植日期一般在3月中下旬;采用"大棚+小拱棚"栽培,定植日期一般在3月上中旬;采用"大棚+小拱棚+草帘"栽培,定植日期则可提前至2月下旬到3月上旬。为了保证母本第一序花开放时有足够的花粉,一般要求父本比母本提前10~15天定植。

2. 定植密度

定植密度要根据亲本材料的特性、整枝方式和留果多少等灵活掌握,其要求是结果期不能让太阳直射果实,以免发生日灼病,但叶片也不能互相遮荫,这样不利于通风透光而导致徒长。一般有限生长型番茄应密植,无限生长型番茄应稀植;单干整枝应密植,双干整枝应稀植;早熟番茄应密植,晚熟番茄应稀植;土壤肥力差的应稀植,土壤肥力高的应密植。每垄种植2行,密植行距50~60厘米,株距20~25厘米;稀植行距60~70厘米,株距25~30厘米。母本每667平方米可种植3 200株左右,父本可适当增加定植密度。

3. 定植方法

为了提高定植时大棚内的气温和地温,要求定植前20~30天扣膜烤棚,并选择晴天午前和午后暖和的时候进行定植。墒情不好的大棚地块定植前一定要灌足底水,灌水可在定植前4~7天进行。

番茄幼苗要求定植前一天将床土或钵土浇透,以利于起苗。尽管番茄移植容易缓苗，定植成活率高，但定植时伤根过重也会导致缓苗期延长及早期花大量脱落甚至死苗，所以起苗时一定要采取护根措施，尽可能减少伤根。另外，幼苗应该随栽随起，放置时间不要过长，以免影响定植后的成活率。

定植时在高垄的两侧按预先设定好的株行距在地膜上用刀片切"十"字口，把地膜向四面拉开，用打孔器或移植铲挖一直径约10厘米的定植穴，将番茄幼苗带土坨栽入穴中，浇足定植水（又叫定根水），水渗后用土封穴，并将因打定植穴而撕破的地膜用土压住，以提高地温，促进番茄缓苗，同时也可减少土壤水分蒸发，防止大棚内的空气相对湿度过高而引发各种病害。为了不使地温降低过多，在保证活棵的情况下，尽量少浇水，一般不主张浇大水。另外，定植时要把健壮苗、徒长苗和老化苗分开定植，以便于分别管理。如果在连作田块定植时，可用40％乙铝·锰锌200～400倍液浇活棵水，还可配合使用可杀得、多菌灵等杀菌剂，能有效预防枯萎病。

番茄幼苗定植深度以埋没土坨、地面与子叶相平或稍深为宜。番茄茎节易生不定根，适当深植可促进不定根的发生，扩大根系吸收面积。若定植过深，则地温低、缓苗慢；定植过浅，则影响根系发育。徒长苗可采用"卧栽法"，即将番茄幼苗卧放在定植穴内，将茎基部数节埋入土中，这种栽植方法的主要优点是可以促进根系扩大，防止定植后的风害，并利用地表较高的温度，促进迅速缓苗。

为了保证有充足的花粉供给，应给父本材料创造较好的生长条件，种植在便于浇水追肥及管理的地头或地边。父母本种植的比例要根据父本的开花习性、花序类型、开花期长短、整枝方式以及授粉技术来确定，如果父本花数多、花粉多、开花期长并采用多干整枝，可适当减少种植株数。一般情况下,如果父本为有限生长型,父母本比例应为 1：4～5；如果父本为无限生长型,父母本比例应为 1：7～8,总的原则是保证授粉期间有充足的花粉供应。

(三)田间管理

大棚番茄制种的田间管理内容包括温湿度管理、肥水管理、整枝打杈和病虫害防治等,以确保番茄果实和种子能够正常发育。本章主要论述前 3 项内容,大棚制种番茄的病虫害防治详见"十、大棚番茄主要生理障碍及病虫害防治"有关内容。

1. 温湿度管理

早春大棚内温度较低,因此番茄幼苗定植后管理的关键是提高棚温,力争尽早缓苗活棵。定植后的 3～4 天要密闭棚膜,并在大棚四周加一圈草帘,白天棚温控制在 28℃～32℃,超过 33℃时拉开顶缝放小风；夜间棚温控制在 15℃～18℃,地温控制在 14℃～18℃。此阶段要随时注意天气突变,在寒流、大风来临前要严格检查保温防寒措施,发现问题及时解决,如果遇到突然降温,可在大棚内堆放锯末进行临时加温。缓苗阶段温度尤其是地温偏低,轻则延长缓苗时间,重则容易发生沤根,形成僵苗甚至死苗。缓苗阶段空气相对湿度应控制在 80% 左右,如果湿度过大,应及时放风。

定植后 5～7 天缓苗基本结束,番茄幼苗开始恢复生长,此时应适当通风降温至正常温度范围,促使植株健壮。白天棚温保持在 20℃～25℃较为理想,对番茄的营养生长和生殖生长都有利,当棚温超过 30℃时开始放顶风,否则容易引起落花;低于 20℃时要及时关闭放风口,切忌放风过大,以免秧苗失水萎蔫。夜间棚温保持在 13℃～15℃,不能低于 10℃,否则容易出现畸形花。缓苗后棚内空气相对湿度可控制在60%～70%,并且随外界气温回升,要逐渐加大通风量,延长通风时间,以防棚内湿度过大而引发病害。父本材料棚温可适当高些,以促进植株生长。

大棚番茄缓苗后 10 天左右,第一序花即可开放,进入开花授粉期,此时期除了抓紧时机授粉外,田间管理的重点是控制植株营养生长,调节好秧与果的生长关系。一方面,要控制棚温,白天保持 20℃～25℃,最高不要超过 30℃,因为番茄花粉发芽适宜温度为 20℃～30℃,即使短期的 35℃高温,也会使花粉或胚珠的正常发育受到阻碍,造成开花、结果不良。夜间温度以 13℃～15℃较为适宜,地温应保持在 15℃以上,空气相对湿度控制在 45%～55%。

授粉后 2～3 天番茄子房开始膨大,为促进种子发育和果实膨大,棚温可适当提高,白天气温保持在 25℃～28℃,夜间15℃～17℃,昼夜温差 10℃左右,但白天气温不能超过 32℃,以免果实和种子发育过快而引起种子千粒重下降、萌发率降低。在昼夜地温为 20℃～23℃(不低于 13℃)时可采取变温管理。上午控制通风,使棚内达到较高的温度(25℃～28℃);中午通风,棚温保持 20℃～25℃;15 时左右减少通风量,使气温稳定;17～20 时棚温保持 14℃～17℃,20 时至翌日 8 时棚内保持 6℃～7℃为宜。此期棚内空气相对湿度白天为 50%左右,不能超过 60%,夜间不能超过 80%,否则易徒长和发病。

随着花序的不断开放,番茄进入盛花和盛果期,而外界气温也在逐渐升高,所以此期的管理重点应该是降低棚温。白天温度控制在 25℃～30℃，不能超过 32℃，以免降低番茄花粉生活力，引起授粉、受精不良。控制棚温可通过加强通风来实现，随着温度升高，通风量应逐渐增加，通风口应逐渐放大，通风时间应逐渐延长，注意不能通风过猛，以防闪苗。为了保证大棚内的温度，前期仅通顶风而不通边风，后期当仅通顶风已无法降低棚温时，再开始通边风。盛花期大棚番茄生长发育适宜的空气相对湿度为 45%～55%，具体管理上也是要加大通风量，顶部和两侧的通风口应全部打开，通风口总面积不能低于棚体总面积的 20%。当外界最低气温稳定在 15℃以上时，可将大棚两侧薄膜全部揭开卷起，既利于通风，又可增加棚内光照，促进果实和种子发育。

在大棚番茄温度管理过程中必须协调控制气温与地温，这是大棚番茄制种能否成功的又一个关键环节。气温越低，越要保持较高的地温，应尽量充分地利用白天太阳在地面上的直射光来提高地温，这就要求及时搭架整枝，阴雨天气气温低时不可浇水，防止降低地温。当气温、地温均低时，导致番茄苗茎变粗，叶色浓绿，畸形果增加，种子产量和质量下降。

2. 水肥管理

番茄有一定的耐旱能力，但要想获得高产，还必须重视水分的供给和调节。定植时浇足水后，番茄缓苗期间一般不浇水，以免降低地温，延长缓苗时间。缓苗后幼苗急需氮素营养，要及时浇 1 次缓苗水，并随水追施稀薄的人粪尿（提苗肥），以利于催秧，这次追肥一般不施速效性氮肥，以防植株徒长，但对个别弱小植株可施"偏心肥"。缓苗水的浇灌时间对番茄植株生长的影响很大，灌水早了，幼苗还未开始生长，灌水后容易降低地温，影响幼苗生长；灌水晚了，根系缺乏水分，无法正常生长发育,而且过于干旱容易引发条斑病毒病的发生。

缓苗水浇后,待土壤湿度适宜时可进行中耕除草保墒,耕深 10 厘米左右。早中耕、深中耕有利于地温的提高,促进迅速发根与缓苗生长,垄作或行距大的畦作可适当培土,以促进茎基部发生不定根,扩大根群。一般情况下,需要中耕 2～3 次,中耕深度逐渐变浅,然后进行蹲苗,以促进番茄幼苗根系向纵深发展,并适当控制地上部茎叶生长,保证养分积累,以平衡营养生长与生殖生长,加速开花结果。如果土壤墒情不好,可在第一花序的果实达到黄豆粒大小时,再浇 1 次水,切忌正开花时浇大水,避免因细胞膨压的突然改变而造成落花。早熟番茄因开花结果早、生长势弱,缓苗后要加强中耕,促进根系生长,水肥管理以促为主,蹲苗时间应缩短,使其尽早发大苗发壮苗,如果不及时催苗生长,容易出现“坠秧”(秧弱果多)现象。

番茄第一花序杂交果长至直径 1.5～2.5 厘米时,气温已开始升高,光照充足,幼果由细胞分裂转入迅速膨大时期,此时必须结束蹲苗,及时浇催果水、追催果肥,促进种子发育,果实膨大。此期幼果吸收营养能力处于旺盛时期,是番茄的重点追肥期,通常此次追肥应占到总追肥量的 35% 左右,追肥以氮肥为主,结合施入少量磷、钾肥。可随水每 667 平方米施500～1 000 千克腐熟稀粪或 10 千克尿素和 10～15 千克硫酸钾,还可用 0.2%～0.3% 磷酸二氢钾进行叶面喷施。此后每坐住一层果,可追施速效氮、钾肥 1～2 次。浇水应选择晴天上午,要浇匀、浇透(覆盖地膜的更应浇透),每次浇水绝对不能上垄面,以防病害发生蔓延,浇水后闭棚提温,翌日上午和中午要及时通风排湿,除放顶风外,还可放边风。

当第一穗果实由青转白时进入盛果期,各穗果都开始膨大时,需进行第二次浇水并随水追肥,每667平方米施尿素10千克或硫酸铵25千克,施肥时要注意适量增施磷、钾肥。进入盛果期后,植株生长量和结果量剧增,加上气温逐渐升高,必须保证充足的肥水供应,才能提高种子产量和质量。一般每5～7天浇1次水,并随水追肥,做到定时定量,始终保持土壤湿润,土表见干见湿。除此之外,还可进行叶面喷肥,每8～10天喷1次0.2%磷酸二氢钾效果更好。授粉结束后可适当延长浇水时间,一般每10～12天浇1次水,浇水要均匀,不可忽大忽小,保持土壤湿度在80%～90%,否则会出现裂果、空洞果或引发脐腐病,导致种子产量降低及质量下降。结果后期,棚内温度更高,更不能缺水,但以小水勤浇为宜。检查是否需要浇水,可看垄心土,手握成团即不缺水,否则为缺水。

番茄第一穗果即将采收,第二穗果已相当大时进入吸肥盛期,此时应进行第三次追肥,即浇盛果水,追盛果肥。这次追肥应注意氮、磷、钾3种营养元素的配合,适当增加磷、钾肥,每667平方米可施复合肥20～25千克,使秧果并旺,促进第二、第三穗果的生长,防止植株早衰。此外,叶面喷施1%～2%过磷酸钙溶液1～2次也能促进早熟及健秧。一般每采收1次果实,每667平方米随水追施速效氮肥10千克,并注意氮、磷、钾配合施用。如果坐果多,番茄植株出现脱肥现象,还须酌情补施。番茄对土壤通气条件要求比较严格,雨季要注意排水,防止发生烂根。

大棚制种番茄的田间管理除参照番茄生产管理之外,还应考虑其以种子生产为最终产品的特性。从第一序花开始,番茄授粉工作大概持续1个月左右,由于番茄本身属于喜肥喜水作物,去雄授粉结束后,又正值植株生长旺期和种子发育旺期,这段时间如果没有充足的水肥,会影响果实膨大,继而影响制种产量。所以,肥水管理在番茄授粉结束后显得非常重要。

在番茄制种中需要大量氮肥,但过量施用氮肥容易造成植株生长过旺(叫做"疯秧"),引起营养生长和生殖生长不平衡,还会影响其他营养成分吸收,易诱发番茄果实筋腐病的发生,不利于种子发育,而且还能造成土壤板结,故结果后期氮肥要适量适时施用,保证植株正常生长的需要即可。

钾肥的施用在番茄制种生产中十分重要,它可以促进代谢反应,加速光合产物的运转,还能大大提高番茄对氮肥的吸收利用,而磷肥可以增加种子千粒重和干物质含量,但钾肥在土壤中易流失,故在后期注意追施或叶面喷施。

一般来说,去雄授粉结束前 1 周或者结束时每 667 平方米要追施尿素 20～25 千克、钾肥 10 千克,或磷酸二铵 20 千克;无限生长型或者营养生长旺盛的番茄少施或不施氮肥,多施磷、钾肥。第一批果实采收后再追施尿素或磷酸二铵 10 千克左右,防止早衰,同时可结合喷药喷施 0.2%磷酸二氢钾 3～4 次,增强植株抗性,提高种子千粒重。

3. 植株调整

番茄具有叶片繁茂、分枝力强、生长发育快、易落花落果等特点,在栽培过程中应采取一系列植株调整措施,如搭架绑蔓、整枝打杈、摘叶摘心、疏花疏果等,来调节养分流向,减少营养消耗,协调秧果生长,加强通风透光,减少植株病害,最终达到早熟丰产的目的。

(1)搭架绑蔓 番茄母本材料去雄授粉结束后,要及时进行搭架绑蔓。搭架绑蔓后,植株群体由平面结构变为立体结构,既减少了占地面积,又增加了受光面积,这样叶片制造养分多,花芽发育就好,种子产量就高,品质也好。搭架绑蔓还能防止植株倒伏在地,减少病虫害的发生;防止果实着地遇水腐烂,从而显著提高种子产量;便于田间操作,易于检查自交果和清除"跑花"(已经开放的母本花)。

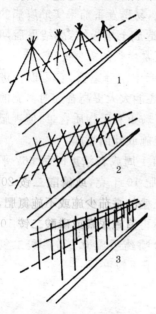

图6-1 番茄搭架的几种常见形式
1. 四角架 2. 人字架 3. 篱形架

番茄大部分是蔓生性的,其直立性差,因此除直立品系外大都需要搭架。搭架的要求是:架材坚实、插立牢固、架形合理。1～1.2米长的细竹竿是最常用的架材,一次购买可使用2～3年,其他可用作架材的材料还包括高粱秆和树枝等,可就地取材选用。搭架的架形主要有4种:单杆架、"人"字架、四角架(也叫锥形架、塔形架)和篱形架(图6-1)。

单杆架是每棵番茄植株旁插一根架材,一株一架,架材之间相互独立,不需维系在一起。"人"字架是每株番茄旁插一根架材,每条垄上隔垄相对的两根架材上部交叉,成"人"字形,然后用一横杆将整条垄的架材相连,交叉之处用塑料绳或细铁丝捆绑,横杆离垄面30～60厘米。四角架是每株番茄旁立一根支柱,每条垄上隔垄相对的2对(4根)架材相接在一起,并用塑料绳或细铁丝捆绑,呈伞形或塔形,相接处距垄面50～70厘米。根据番茄植株的高矮,四角架又分为小架和大架,小架一般在植株上留2～3穗果实,大架留6～7穗果实。篱形架就是每株番茄插一直立竹竿,用横杆将一行的各根竹竿连接在一起,再用小横杆将相邻两行连接固定。

由于早熟和有限生长型番茄亲本材料植株比较矮小,常采用单杆架、"人"字架和小四角架进行搭架;中晚熟和无限生长型番茄亲本材料植株比较高大,常采用大四角架和篱形架进行搭架。四角架及"人"字架可防止果实日灼病及土壤水分蒸发,更适用于气候干旱或高温强光季节与地区。篱形架通风透光好,适于多雨、湿度大、日照少的季节或地区应用。

搭架时间一般在蹲苗结束、苗高约30厘米时进行,搭架过早,中耕作业不方便,影响中耕质量和经济效益;搭架过晚,植株容易倒伏,叶面沾上泥土,不仅影响光合作用,而且容易引发病害。搭架前应浇水,以方便架材下插,架材应从离植株主茎5厘米左右的外侧插入地下10～15厘米深,这样绑蔓时不至于碰伤植株。

为了防止植株倒伏,搭架后应及时绑蔓,随着植株生长连续多次绑蔓,使茎叶均匀地固定在支架上,绑蔓材料可用塑料绳或线绳。绑蔓时应随着植株的长势,陆续地将植株绑在支架的内侧,果穗也应在支架内侧,绑后顺势将果穗置于叶下,以免果实发生日灼病。一般是第一花序下绑1～2道,以后每隔2～3叶或每个花序下绑1道,早熟材料绑蔓2～3次,中晚熟材料可绑蔓3～4次。绑蔓动作要轻,不能碰伤叶片和花果;绑缚松紧度要适宜,不能固定不住植株或勒伤植株。

有的制种农户由于担心利用竹竿搭架会扎破棚膜,也使用吊蔓的方式来保持番茄植株的直立状态。具体做法是:在番茄种植行的正上方拉一道12～14号镀锌铁丝,并固定在大棚的骨架上;然后在每棵番茄植株上方的铁丝上系一根尼龙绳,尼龙绳下绑个小木棍插于植株旁边。或者顺种植行再在番茄植株下拉一道绳,并在植株上方吊绳,上端系在铁丝上,下端系于绳上,每棵植株吊一道绳,在株高 25～30 厘米时将番茄植株向绳上缠绕。

(2) 整枝打杈　　番茄的分枝能力较强,各叶腋间都会萌发侧枝,并开花结果。大棚内高温高湿、光照较弱的环境条件极易引起番茄营养生长过旺,使侧枝萌发多、生长快,如果任其生长,就会形成疯秧,消耗大量养分,使结果数减少,成熟期推迟,果实变小,严重时只长秧不结果,而且枝叶遮盖,通风透光差,病虫害发生严重,最终引起种子发育不良而导致产量降低,品质变差。所以,在番茄生长过程中,必须不断整枝打杈来调节营养生长(茎、叶)与生殖生长(花、果)之间的平衡,控制植株徒长。大棚制种番茄常用的整枝方式有单干整枝、一干半整枝和双干整枝等三种(图 6-2)。

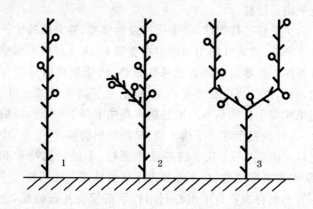

图 6-2　番茄的几种常用整枝方式
1. 单干整枝　2. 一干半整枝　3. 双干整枝

单干整枝是只留主干而把所有侧枝全部摘除,在此基础上发展出了改良单干整枝和连续摘心整枝。改良单干整枝是除主枝外,保留主枝第一花序下第一侧枝,但不坐果的只保留2～3片叶子,其余侧枝全部摘除。连续摘心整枝是在第二花序上方留2叶摘心,使第一花序下的第一侧芽作为主枝继续生长,然后再在第四花序上方留2叶摘心,使第四花序下的第一侧芽作为主枝继续生长,如此重复操作几次。

一干半整枝留主干的方法与单干整枝相同,此外,在第一花序下的第一侧枝留1～2穗果后,留2片叶摘心,并去掉所有侧枝。双干整枝除主枝外再留第一穗果下的第一侧枝,该侧枝由于生长势强,很快与主轴并行发展,形成双干,其余侧枝则全部摘除。除此之外,还有三干整枝(在主枝上留2个侧枝)、四干整枝(在主枝上留3个侧枝)甚至多干整枝等多种整枝方式,但在番茄制种上的应用较少。

单干整枝是生产上最常用的一种整枝方式,比较容易掌握,这种整枝方式单株结果数较少、果型较大,而且早期果实发育快,便于密植,前期种子产量高,在生长期较短的条件下可获得较高的单位面积产量,但单位面积用苗数多,根系发展会受到一定限制,植株易早衰。一干半整枝由于多留1～2穗果,所以总产量比单干整枝高。改良单干整枝植株发育好,光合作用面积大,坐果率高,果实发育快,前期产量比单干整枝和一干半整枝高,总产量比单干整枝高。连续摘心整枝植株较低矮,肥水吸收能力强,而且成熟期较早,产量较高。

双干整枝需要较大的行株距,单位面积上栽植的株数较少,虽可以增加单株结果数,提高单株产量,但早期产量和总产量以及单果重均不及单干整枝,且结果较晚。然而,番茄根系发育比单干整枝好,植株生长也健壮,抗逆性较强。

为兼顾单、双干整枝的优点,可采用苗期双干整枝法,即在幼苗长至4~5片叶时摘心,侧枝长出后保留两个强壮侧枝形成双干。采用这种整枝方式必须提早育苗,扩大幼苗营养面积,增加苗期营养,注意根系保护,才能获得较好的效果。

采取何种整枝方式,要根据母本番茄的熟性和生长习性来确定,而父本为增加花粉数量,很少进行整枝打杈,任侧枝生长,但植株上不能留有自交果,以免养分的浪费。一般来说,有限生长型2~3穗果后封顶,一般不整枝或采用双干整枝;早熟密植矮架栽培、无限生长型番茄多采用单干整枝、改良单干整枝和一干半整枝;中晚熟番茄为提高前期产量和总产量,多采用单干整枝和连续摘心整枝。

由于番茄地上部和根系有着相互促进的关系,所以,整枝打杈的时间要把握好,不可过早或过迟,否则有可能得到相反的效果。在番茄幼株定植缓苗以后,为促进根系生长和发棵,尤其对生长势较弱的早熟亲本,最初的打杈整枝时间可以适当推迟一些,让侧枝长到6~7厘米时再进行,这样有利于增加叶面积而多制造养分,但以后的整枝打杈应在侧枝长到1~2厘米时去掉,以免过多地消耗养分。应该注意的是,一次性整枝不能过重,以免影响根系吸收而出现卷叶。

整枝操作必须选择晴天上午10时至下午15时、植株无露水时进行,此时温度较高,有利于伤口的愈合,并且可以防止病菌的感染。打杈时可采用推杈和抹杈的方法,但不要采用指甲掐断枝杈的方法,要尽量减少手与茎蔓的接触,避免人为传播病害。打杈时也不要使用剪刀等工具,因为剪刀容易传播病害;对有病毒病症状的植株打杈也要单独进行。此外,打杈时不能带掉主枝上过多的皮,要尽可能减少伤口面,以加快伤口愈合。

(3) 摘叶摘心 无限生长型番茄长到一定高度、坐一定果穗数以后需要把生长点掐去,这称为摘心(也叫打顶、掐尖)。它是与整枝打杈相配合的田间管理措施,可同时进行。摘心可破坏顶芽的顶端优势,减少植株营养消耗,在有限的生长期内集中更多的光合作用产物转运到果实和种子中去,从而提高果实的坐果率,促进果实成熟和种子发育,提高种子千粒重。

摘心的时间要根据番茄亲本特性和生长期确定。一般有限生长型番茄在植株长出一定节数以后,主茎花序自动封顶,可以不进行摘心;生育期较短的早熟亲本,留 3~4 穗果后摘心;生育期较长的中晚熟亲本,留 6~7 穗果后摘心。由于花序上部的叶片生理活性较强,所以待主干或留果侧枝达到留果穗数后,要在果穗上部留 2 片叶摘心,以保证顶部果实所需养分的供应并防止日灼病的发生,其余所有侧枝都应及早摘除。另外,为了提高效果,摘心时应掌握稍早勿晚的原则。与打杈一样,摘心应选晴天中午前后温度较高时进行,这样有利于伤口愈合,并避免病菌侵染。

在番茄制种中,一般在杂交结束后,将母本植株上的自交花、自交果及畸形果全部清理掉,并在最后一个杂交果序之上留 2 片叶摘心打顶。但也有人建议番茄亲本尤其是生长势弱的亲本,去雄授粉结束后最好不要摘心,只摘除新长出的未去雄花序,而留下侧枝和新芽,以保证后期果实生长所需的营养来源。因为摘心虽然不会跑花和产生自交果,省去了摘花去果和整枝工作,但由于摘心后下部叶片逐渐老化,上部又无新叶产生,造成植株营养面积不足,光合作用受到影响,从而使得干物质积累减少,种子成熟度下降,千粒重降低,最终降低种子产量。此外,由于摘心后不易发新叶,造成遮荫不良,日灼病发病率增加,而老叶也容易感病,所以种子质量和产量均无法保证。

当番茄进入生长后期时,植株下部的叶片就会衰老变黄,光合能力下降,其生长所需要的养分大部分由其他叶片提供,造成营养物质的浪费,可将其与病叶一并摘除,称为摘叶。其可改善植株下部的通风透光条件,提高植株的光合强度,也可以防止植株地上部湿度过大诱发叶霉病,同时减轻其他病害的蔓延。但要注意摘叶不应过早或过重,一般在第一穗果的转色期进行,要保证植株上有足够的壮龄叶进行光合作用。摘叶与否的标准是:只要叶片健壮,大部分呈绿色,能进行光合作用,又不过度郁闭就不要摘掉,否则最好摘掉。为了防止番茄病毒的人为传播,在整枝打杈、摘心摘叶作业的前一天,应有专人将田间出现的病株拔净、烧毁或深埋。如果一旦双手不小心接触了病株,应立即用消毒水或肥皂水清洗,然后再操作。此外,摘叶时要注意,不要把老叶从基部全部摘掉,要留下1厘米左右的叶柄以保护枝干。整枝打杈和摘心摘叶时摘除的枝叶应及时清理,运往远处烧毁或深埋,防止病原传播。

(4)保花保果 番茄落花现象较为普遍,对早熟及丰产影响很大。引起落花的原因很多,主要有生殖障碍和营养不良两个方面。

当外界环境条件不适宜,如温度过高或过低、土壤过干或过湿、光照不足、开花期多雨等,番茄花器的正常发育就会受到影响,引起花粉生活力和萌发率降低,花粉管的伸长受到抑制,或产生畸形花(如长花柱花和短花药花等),这些生殖障碍均会引起授粉受精不良,最终导致落花落果。由于土壤中水肥不足、根系发育不良、土温过低、夜温过高、光照不足、整枝打杈不及时而使营养物质吸收受限或消耗过多,造成番茄营养严重匮乏时也会引起落花落果。

在番茄生产中常采用植物生长调节剂点花的方法来防止落花落果,如 2,4-D 和番茄灵等,但植物生长素类物质在刺激果实膨大的同时,却抑制了种子的发育,所以,在番茄制种中绝对不允许使用植物生长调节剂。防止落花落果必须从根本上加强栽培管理,通过培育壮苗,为花芽正常分化及发育打下基础,同时采取合理的栽培管理措施,如适时定植、注意护根保墒、合理施肥和灌水、及时进行植株调整和防治病虫害等。

(5)疏花疏果　在番茄制种过程中,为了保证种果的营养,增加种子的千粒重,可进行疏花疏果。杂交前要对杂交用花进行筛选,疏掉多余花和畸形花;杂交后要对杂交果进行筛选,疏掉多余果、畸形果以及小果和裂果。一般每株留种果 15 个左右,头穗少留,每穗留 2～3 个果;中穗多留,每穗留 3～5 个果。

需要注意的是,疏花疏果必须在保花保果的基础上进行,避免由于空穗或花果过少而造成的减产。

七、番茄亲本材料种子的繁育

番茄亲本材料种子的纯度直接决定杂种一代种子的纯度。为了生产质优产量高的番茄一代杂种种子，必须建立良好的番茄种子繁育制度，制定并严格执行番茄亲本材料种子繁育技术规范。

(一)番茄种子繁育制度

由育种家提供的亲本原种或从亲本种子田按原种生产规则生产的亲本原种，因数量有限，成本较高，而不能直接用于大田制种。因此，必须建立种子田，进行再繁殖，才能满足生产田制种用种的需要。为了使良种在繁育过程中，既能保持种性，为生产上提供高纯度的制种种子，又能通过扩繁，降低种子生产成本，需建立良好的种子繁育制度。

番茄种子繁殖可分为一级、二级和三级良种繁育制。一级良种繁育制容易引起品种混杂退化。番茄一代杂种制种亲本繁殖建议二级和三级良种繁育制。

番茄亲本二级良种繁育制的亲本种子田用种，主要是由育种单位提供的原种。在原种不足时，也可由育种家或者中级职称以上的专业人员从其亲本种子生产田中，按照原品种的标准性状选择单果脱离后混合，作为原种一代用。在番茄的主要生育时期，先去杂去劣，然后按品种标准严格选择优良单株，并在优良单株上选择优良果实。种子成熟后，将各优良果实的种子脱粒后混合作为亲本原种一代种子，翌年用于亲本原种种子生产。从其余植株上混合收获的种子用于翌年亲本繁殖田生产。通常按照上述程序进行 2～3 年,当原种后代种子田出现混杂退化现象,再用库存亲本原种或从亲本种子田按原种生产规则生产的原种开始新一轮亲本种子繁殖(图7-1)。

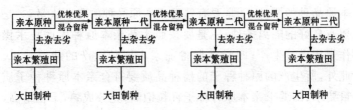

图 7-1　番茄亲本二级良种繁育制模式

　　三级亲本良种繁育制是在二级亲本良种繁育制的基础上,再扩大繁殖 1 年,从二级亲本良种繁育田中经去杂去劣后,混合留种作为大田制种用种(图 7-2)。

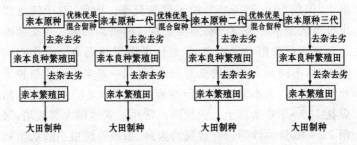

图 7-2　番茄亲本三级良种繁育制模式

(二)番茄亲本材料种子繁育技术

　　番茄亲本原种是繁殖亲本良种的基础材料,繁育是保持良种纯度、防止品种退化和不断提高种性的过程。制种种子质量主要取决于亲本原种种子的质量和相应的原种生产技术操作规程。因此,要生产出主要特征特性符合原亲本材料的典型性状,株间整齐一致,纯度要求达到99.9%以上,其生长势、抗逆性、熟性、丰产性及优质性等方面的表现应不低于亲本原品种的原种,一是要有熟悉亲本原品种的专业人员;二是要有良好的隔离条件;三是要按照番茄亲本原种生产技术操作规程进行生产;四是掌握番茄亲本原种生产的栽培技术。此外,所生产的原种种子的播种品质要符合亲本原种种子质量要求,即要求亲本原种种子籽粒饱满,充分成熟,千粒重高,发芽率高,发芽势强,净度、含水量不得超标,不带检疫性的病虫害等。

1. 亲本种子繁育的隔离技术

番茄属于自花授粉作物,一般情况下自花授粉率在95%以上,但仍有0.5%～5%的天然杂交率。因此,对于纯度要求极高的亲本原种生产必须实施有效的隔离措施。番茄亲本原种繁育可采用空间隔离,但最好采用机械隔离。采用空间隔离时,不同亲本的原种繁育田之间,同一亲本不同质量种子繁殖田之间,亲本原种繁育田与商品生产田之间隔离的距离应在100～300米以上。机械隔离常用尼龙纱网大棚栽培,采用25～40目的纱网可有效隔离蜜蜂、虫蛾等昆虫引起的生物学混杂。

亲本原种繁育要求严格,技术水平要求高,只有育种家或具备一定条件和技术水平的专业人员才能胜任。亲本原种繁育通常由新品种的选育人或具有中级职称以上,熟悉所繁育亲本原种特征特性的专业人员承担。亲本原种繁育单位应具备亲本原种繁育所需要的尼龙纱网大棚（或尼龙纱网日光温室）、原种鉴定、精选和原种贮藏设备或设施，以及安全保护措施。

2. 亲本种子繁育技术

在二级或三级良种繁育制中，番茄亲本原种经过原种一代、原种二代，甚至原种三代的繁殖，往往会出现混杂退化。为满足二级或三级良种繁育制扩繁对亲本原种种子的需要，需要进行亲本原种种子生产。亲本原种种子生产的基本原则是选优提纯。其生产程序是：单株选择、株系比较和混系繁殖（图 7-3）。

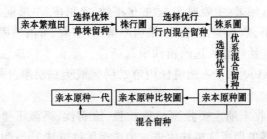

图 7-3　番茄亲本原种生产程序

（1）单株选择　单株选择是亲本原种生产的基础，必须严格把关。要从已混杂退化的群体中，将表现型尚未退化的植株（即具有原亲本特征特性、抗病性、抗逆性的植株）挑选出来，并在优良单株上选择优良单果，单株混合留种。

①选择田块　选择符合本亲本标准性状的植株，最好在亲本原种种子田中进行。无原种田时可在亲本良种种子繁殖田或纯度高的制种田中选择。若在制种田中选择，其种植面积不得少于 2 000 平方米。

②选择时期和标准　在供选择的田块,通过对被选群体生长发育全过程的系统观察,在番茄性状表现的典型时期——始收期、盛果期和采收末期分3次进行选择。选择必须按照原品种标准性状进行。否则,随意选择也许会选出综合性状较好的品系,但这就成为了"选种",而非亲本原种生产。

始收期主要针对株形、叶形、叶色、花序着生节位、花序间叶片数、花序类型、第一层果实和果肩颜色、果脐大小以及第一花序的花数、果数、始熟期等性状,选择符合原亲本标准性状的单株约200株以上,并挂牌或彩带予以标记,供随后选择淘汰其他性状不符合原亲本标准性状的植株对照。

盛果期主要针对第二、第三层果(早熟亲本)或第三、第四、第五层果(中晚熟亲本)的坐果数、坐果率、单果重、果实形状、大小、整齐度、抗裂性、果肉厚薄、心室数、可溶性固形物含量等,在始收期入选的植株中选择符合原亲本标准性状的植株50～100株。入选植株用第二层果或第三层果分株留种,编号。

采收末期主要根据植株长势、抗病性、高温下坐果能力等,在盛果期所选植株中进一步选择优良植株15～20株。这些最终入选的植株,就是表现型符合原亲本标准性状的植株,应按单株留种,供翌年株行比较使用。

(2)株行比较　将入选的优良单株按田间设计要求,在相同的栽培和管理条件下分小区种植,对其主要性状进行鉴定,从中选出具有原亲本典型性状、抗病性、抗逆性、丰产性和一致性的优良株系若干,进一步进行株行比较。

①田间设计与管理　将单株选择入选植株的种子,分株行(一个单株的后代)播种育苗,适时栽植在株行圃中,每一个株行栽培2行,株行距参照亲本种子繁殖田。不同株行随机

排列,不设重复,四周设保护行。无限生长类型品种单干整枝,高封顶品种留双干一次整枝,矮封顶品种不整枝。每隔5个小区设1个对照,对照需用本亲本的原种,如无原种,可用本亲本的制种用种。

②选择标准　在性状表现的典型时期,除按单株选择时的项目、标准对各个株行进行观察比较外,还应着重鉴别各株行的典型性和一致性。淘汰性状表现与本品种标准性状有明显差异的株行,或株间整齐度相差5%的株行。如发现杂株或病毒病株,则需淘汰该株行;如发现有特殊优良的单株,可另做选种材料处理。凡株行小区产量低于对照平均产量的予以淘汰。

③留种方法　当选株行先去杂去劣,然后分株行混合留种,供翌年株系比较使用。

(3) 株系比较　将株行比较中入选的优良株行,按田间设计要求,在相同的栽培和管理条件下分小区种植,进一步对其主要性状进行鉴定,从中精选出具有原亲本典型性状、抗病性、抗逆性、丰产性和一致性的优良株系后代,供作亲本原种圃繁殖亲本原种用。

①田间设计与管理　在株系圃中分小区栽植各入选株系和对照的幼苗,无限生长类型品种行距66厘米,株距33厘米;有限生长类型品种行距44厘米,株距30厘米。不同株系随机排列,每5个株系设1对照,重复3次,四周设保护行。整枝方式参照株行比较试验进行。株系圃要求土壤肥力均匀,管理措施一致,小区株数相同且不少于60株,以提高鉴定选择的可靠性。

②鉴定、选择与留种　按单株选择时的项目、标准和方法,对各株系进行观察比较,同时鉴定各株系的纯度、前期产

量和中后期产量。最后通过对观测资料的综合分析,决选出完全符合品种标准性状,无一杂株,产量显著优于对照的株系若干。性状无差异的株系混合留种,即为本亲本的原种种子,供翌年繁殖亲本原种一代使用。

(4)原种繁殖 将上述生产的亲本原种播种育苗,适时栽植在四周100～200米范围内无番茄种植的隔离区(即亲本原种圃)中,精细管理,去杂去劣后用第二至第三层果混合留种,即为本亲本的原种种子。为确保亲本原种质量,生产出的种子需经田间种植检验和室内检验。当各项指标完全符合国家规定的标准后,方可作亲本原种使用。番茄种子寿命长,亲本原种可一年大量生产,精细贮藏,分年使用。

亲本原种种子采收,可用2～3层果实采种。在果实采收、运输、掏种、发酵、晾晒、包装种子的过程中,应有专人负责,严防不同品种机械混杂。

3. 亲本原种繁育栽培技术

亲本原种繁育田的栽培管理技术是亲本原种生产的主要环节。应选择地势高燥,排灌方便,土壤理化性质良好的地块。适度施入氮肥,增施磷、钾肥,各项管理措施力求一致,以提高田间选择效果。番茄亲本原种繁育可在塑料大棚或尼龙纱网大棚中进行,也可露地或地膜覆盖栽培。

塑料大棚栽培可参照"五、大棚番茄制种的育苗技术"和"六、大棚番茄制种的田间管理"的相关技术。尼龙纱网大棚栽培可参照下文"(三)亲本原种露地繁育栽培技术"。

(三)亲本原种露地繁育栽培技术

1. 种子生产基地与田块的选择

番茄亲本种子生产基地除了具有能满足其生产发育的自然条件,包括温度、光照、水分、肥力、土壤质地、隔离条件、无霜期长短和交通情况等,还需要充足的劳动力、良好的耕作条件和技术。目前我国番茄种子生产基地主要集中在山西、河北北部,辽宁西南部,甘肃西部,陕西东部等地区,这里的夏季气候凉爽,适于番茄种子生产和制种。番茄种子生产基地应具备以下条件。

一是无霜期长。番茄种子生产基地的无霜期应超过 120天。

二是光照充足,气候温和。番茄种子生产期需要 3 万勒以上的光照强度,才能维持其正常生长发育。番茄开花结果期,在日平均温度 20℃～25℃,最高温度低于 30℃,最低温度高于 15℃条件下,授粉充足,果实、种子发育良好,籽粒饱满,千粒重高。

三是授粉季节降雨较少。番茄开花授粉盛期,如遇连续阴雨天气,将会严重影响番茄的坐果结实,降低种子产量。因此,要选择降雨较少且气候干燥的季节生产,以安排番茄授粉期。

四是有充足的水源。番茄喜空气干爽及土壤湿润,耐旱不耐涝。但盛果期需水较多,平均每株每天需水量为 1～2升。因此,制种地必须有足够的水源,在结果期能保持土壤见干见湿。

五是非茄科作物茬口。为了减少病虫害造成的损失,制种田最好是选择水田或 5 年以上没有种过茄科、瓜类等作物的田地。

六是疏松的土壤。番茄对土壤要求不严格,适应性较强,但以土质疏松的沙壤土为宜。制种田应选择耕作多年,有机质含量高,耕性好,pH 值 6～7 的田地。

七是具有一定的技术力量和拥有充足的劳动力。选择的种子生产基地必须有一定的技术力量,当地的技术人员应熟悉种子生产工作,具有一定的良种繁育经验,掌握相关的生产技术。当地政府要支持,劳动力素质要比较高,总的生产力水平要高。

2. 番茄亲本原种露地繁殖栽培技术

露地栽培是番茄亲本种子生产的主要栽培形式。番茄亲本种子生产是以获得高产、质优的种子为目的。亲本种子的产量在很大程度上取决于果实的产量,因而其种子生产与商品果生产的栽培管理措施基本相同。商品果实的生产是为了获得经济价值较高的果实,常采用早熟、高产的栽培措施。而种子生产应在尽量降低生产成本的前提下,提高种子纯度、质量和产量。因此,亲本种子生产田还要采用一些相应的栽培管理措施。

(1)培育壮苗 露地番茄种子生产的壮苗指标是:茎粗壮,节间紧密,叶大而厚,色泽深绿,根系发达,须根多而色白,7～8 片叶,现大花蕾(花蕾约长 1 厘米),子叶完整,无病虫,无损伤。这种秧苗生活力强,抗病、抗逆性好,定植后缓苗快,开花结果早,种子籽粒饱满,千粒重高。要培育壮苗需做好以下几方面工作。

①苗床的选择　应选择背风向阳、靠近水源、排水良好及未种过茄科蔬菜的地块做育苗床。我国各地气候差异较大，采用的育苗设施也不尽相同。常用的育苗设施有冷床、酿热温床、大棚或日光温室、电热温床等。

a. 冷床　冷床选址应坐北向南，北高南低，东西横长，覆盖后成为一个斜面，因此也有人称其为单斜面苗床。由于其热源主要来自日照，故又称阳畦。畦框具有支持覆盖物、防风和保温作用。常见的畦框有土框和砖框。土框成本低、保温性能强，育苗结束后，推倒土框即可种植其他蔬菜；砖框虽建造成本较高，但坚固、耐用，一旦建成，可供多年使用。一般畦宽1.5米，长7～9米。阳畦制作时应先划出界线，再挖出畦内多余土壤。南框地下、北框地下均挖15厘米深，地面以上建35厘米高的北墙，东西山墙做成斜坡。阳畦通常采用3毫米厚的玻璃做成玻璃窗，或用0.075～0.1毫米厚的塑料薄膜覆盖，透光保温。为了夜间保温，一般需在透明覆盖物上面加盖1～2层草帘、纸被或棉被等覆盖物。阳畦的温度主要受阳光控制，温度往往偏低，适宜在当地地温稳定在12℃以上作为育苗母床或分苗床。

b. 酿热温床　酿热温床的外观与阳畦一样，其区别在于冷床床底没有酿热材料，而温床有酿热材料发酵供热。其做法是：将晒干的新鲜马粪、牛粪、鸡粪、羊粪、棉籽皮、碎麦草及稻草等有机物混合均匀，加入适量的水（使含水量达75%左右），也可加适量的人粪尿，使其充分吸水，拌匀后填入床内。填一层用脚踩一遍，床填好后，盖严玻璃或塑料薄膜，约7天床温可达70℃左右，然后温度迅速下降到50℃，此时温度比较稳定。当温度下降至40℃时，即在酿热物上铺一层10厘米厚的园土，再在园土上铺10厘米厚的培养土，即可使用。

c. 大棚及日光温室　大棚或日光温室育苗需要在棚（室）内做成宽 1~1.5 米，长度不等的床畦，整平后上铺 10 厘米厚的培养土或排摆装有培养土的营养钵，即可播种或分苗。为了提高大棚和温室的保温效果，也可在棚（室）内的床畦上搭拱棚，加盖塑料薄膜，晚上根据天气情况及秧苗生长的需要加盖草帘等覆盖物。大棚和温室受光充足，保温性能好，能满足秧苗生长发育所需要的环境条件，因而秧苗生长速度较快，可以缩短苗龄。此外，由于大棚、温室空间大，便于操作，是番茄的最好育苗场所。

d. 电热温床　电热温床是在现有的阳畦、大棚或温室的苗床中，利用专用电热线，提高苗床土壤温度，土壤中的热量以辐射形式向空气中传递，从而使苗床气温也升高的一种育苗方式。电热温床的床温容易控制，能培育出根系发达、茎秆粗壮的秧苗，已成为番茄的主要育苗方式。电热温床的构造和冷床基本相似，仅是在苗床底部按一定要求铺设电热线，然后铺培养土。电热温床每平方米所需电热线的功率主要取决于育苗期间的气温、番茄对温度的需求以及苗床保温性能等因素。一般在塑料薄膜覆盖的苗床上，每平方米 60~90 瓦即可满足需要，越冷的地区，采用的功率越大。分苗床以每平方米 40~60 瓦为宜。

电热温床功率及所需电热线条数的计算：

温床总功率＝温床面积×温床每平方米功率

电热线条数＝总功率÷电热线额定功率

绕线圈数＝（电热线长度－床宽）÷床长

布线时，应考虑苗床边际散热及阳畦北墙附近温度较高的特点，床边线距缩小，床中间线距加大；阳畦南部应缩小线距,向北逐渐加宽线距,以保持整个床面的温度比较均匀,但平均线距以计算标准为宜。在床宽处,将短棒按调整的实际布线间距插好,然后将电热线来回绕在短棒上,并拉直拉紧。如发生电热线过长或过短的情况,可灵活拨动短棒调节,也可半途折回,以保持导电线头处在同一边,便于连接电源。但线与线切勿交叉、重叠或盘线通电,以免烧断。电热线的电阻是额定的,使用时禁止剪短或接长。

②培养土的配制与消毒 最适宜的育苗用土是经过人工调制好的肥沃土壤,称为培养土或床土。要求肥沃、疏松、无病菌、杂草、瓦砾等,即要求含有丰富的有机质,营养成分完全,具有氮、磷、钾、钙等主要元素及必要的微量元素;理化性质良好;兼具蓄肥、保水、透气三种性能;微酸性或中性,pH值以 6.5～7 为宜;不带主要的病菌和寄生虫卵,清洁卫生,没有污染。

培养土可就地取材,一般用充分风化的园土、腐熟的厩肥、堆肥等配制而成。园土最好选用葱蒜类地表层土壤,有机肥可选用鸡粪、猪粪、兔粪等优良肥料。不管选用何种有机肥,必须提早堆沤、充分腐熟。田园土和腐熟的有机肥必须分别打碎过筛备用。

播种床和分苗床的培养土是不同的。播种床的培养土要求含有机质多、疏松,便于起苗。配制时,可取园土 5～6 份、有机肥 4～5 份。分苗床的培养土要求有一定的黏性,以便移栽起苗时不易散坨,可取园土 6～7 份,有机肥 3～4 份。此外,可加入 2%～3% 过磷酸钙,3%～5% 草木灰以增加磷、钾肥,促进花芽早分化及幼苗根系的发育。当然,有机肥的用量还要根据其质量来确定。园土、有机肥、无机肥料等按比例配合后,必须充分翻倒,混匀。

③种子处理与催芽 番茄种子处理的作用在于能增强种子幼胚及新生苗的抗逆性,减少病害感染,使种子播后出苗整齐、迅速。常用的种子处理方法包括温烫浸种、低温和变温处理以及药剂处理等。

温烫浸种是将种子放入 55℃水中浸泡 15 分钟,以杀死一些附着于种皮的病原菌。然后使水温降至 30℃左右,再浸泡 6～8 小时后进行催芽。催芽是把浸种后的种子保持在适宜的温度下,使种子发芽的过程。番茄种子催芽的适温是 25℃～30℃,在此温度下,3 天即可发芽。催芽时,必须保持湿度和通气。催芽的方法很多。通常的做法是:将浸种洗净的种子稍经晾干后,装进潮湿布袋中,放入 60 瓦灯泡加温的小缸内或用湿毛巾包好,置于温暖处,保持 25℃～30℃。番茄发芽最低温度为 10℃～12℃,35℃以上仅少数发芽。为保证发芽均匀,每天要淘洗种子 1 次,至 50%～60%种子露白时,可停止催芽。如芽过长,播种时易折断。有条件的地方可在恒温箱或催芽室内催芽,既安全,又快捷。

低温处理的方法是将开始萌动的种子放在 0℃左右的低温中处理 1～2 天,缓慢化冻后,再置于 25℃～30℃下催芽。

变温处理的方法是,每天 10 时至 18 时,把种子放在 13℃～18℃处,从 18 时到翌日 10 时,把种子转入 0℃～2℃处,连续处理 4～15 天后,放在 25℃～30℃处催芽。为了不断供给种子发芽需要的水分和氧气,使出芽整齐,需每天用温水淘洗种子,并将种子包翻动 1 次,待大部分种子露白即可播种。

番茄种子药剂处理的方法很多,如硫酸铜 100 倍液浸种10～15 分钟,或福尔马林 100 倍液浸种 15～20 分钟,或0.2%高锰酸钾溶液浸种 1 小时,或 10%磷酸三钠溶液浸种

20 分钟等,均可杀死种子表面的病原菌。用药剂处理过的种子,必须用清水冲洗干净,然后放入清水中 6～8 小时,使种子充分吸水膨胀后催芽。

④播种　露地番茄亲本种子繁殖以获得高质量、高产量的种子为目的,并不一定要追求高的早期产量。因此,对其播种期要求不严格。我国各地气候差异较大,播期各异。可根据当地番茄商用菜的播种期推迟 7～10 天进行。

播种的各个环节要以提高床温为中心,特别是靠阳光提高床温的冷床,为了出苗快,出苗齐,播种应选择晴天上午突击完成,以便多吸收太阳光能。若遇恶劣天气不能播种,应将种子放在 10℃～12℃处摊开,上盖湿布,1～2 天待天气转晴后再播。在播种床内铺 10～12 厘米厚的培养土,根据当地的气候、床土情况及覆盖物种类确定灌水量。一般每标准床(长8 米,宽 1.7 米)需灌水 600～700 升,以集中浇水后苗床表面积水 3 厘米左右为度。沙性大的床土,可适当增加灌水量。水渗完后,薄撒一层培养土,将种子用草木灰或细沙等拌散,均匀撒播,然后覆盖细培养土约 1 厘米厚,为防止带帽现象发生,覆土时加少量细沙(每 3～4 份床土加 1 份细沙)。每标准床一般播种量 75 克左右,播完后立即盖床密封,提高床温,使温度保持在 25℃～28℃。总之,苗床播种要注意 5 个方面:即天气要好,底水要足,覆土要匀,密封要严,操作要快。

⑤苗床管理　苗床管理是培育壮苗的重要环节。调节好苗床的温度、湿度、光照和营养,以满足幼苗生长发育的需要是管理的基本原则。

覆土是苗床保墒和降低空气湿度的主要措施。在幼苗顶土时,覆一次培养土,以增加土表压力,防止子叶带帽,影响子叶的展开和光合作用的进行。同时,也可防止床土表层失水过多而出现裂缝。以后可在间苗之后或发现苗床土壤有裂缝时，再覆一次培养土，以利于保墒。每次覆土应选晴天中午进行，厚度以 0.4～0.6 厘米为宜。

从播种到子叶出土，依靠种子贮藏的营养物质生活，即为异养生长阶段。管理的目标是减少种子养分的消耗，促进幼苗迅速出土，提高苗床温度是此期管理的重点。白天以保持 25℃～30℃为宜。如果此期温度偏低，就会延迟幼苗出土时间，使种子营养消耗过多，幼苗出土不齐，而且苗弱。在管理措施上，一是让苗床白天充分接收阳光，提高床温；二是夜间适当早盖草帘，白天适当晚揭草帘，搞好苗床保温；三是若用电热温床育苗，可昼夜通电加温。

从子叶出土到破心是幼苗由异养生长向自养生长的过渡阶段，这一时期胚轴伸长速度加快，若床温过高，加之床内湿度过大，极易发生胚轴徒长，形成高脚苗，同时，此期又是子叶展开、肥大的关键时期，若床温过低，则影响子叶肥大，降低子叶的光合作用，导致幼苗生长不良。为此可采取加大昼夜温差的办法，即白天保持床温在幼苗生长的适温范围内，以利于光合作用的进行和子叶肥大，而夜间降低床温，以防胚轴徒长。番茄白天温度以 20℃～25℃，夜间 12℃～15℃为宜。在管理措施上可以小通风降温，或在夜间适当晚盖草帘，白天适当早揭草帘。并注意子叶变化，遇冷时子叶上举，然后慢慢展平是正常现象；子叶上举合并在一起，幼苗将有受冻的危险，应注意关小通风口或停止通风。真叶出现后，通风时注意观察真叶的表现，如真叶尖端萎蔫下垂则为受冻的表现，需缩小或盖住通风口。

从破心到 3～4 叶期，秧苗总生长量很小，约占成苗生长量的 5%左右，却正是叶原基大量分化的时期，也是番茄花芽分化的重要时期。所以,管理上既要保证根、茎、叶的正常生长,又要促进叶原基大量发生和花芽分化。具体措施是:适当提高温度,白天控制在 20℃～25℃,夜间在 15℃～18℃。注意通风,但通风量不宜过大。注意增加光照时间和强度。当秧苗封行时应及时进行分苗。分苗前,要加大通风,降低床温,并控制水分,进行秧苗锻炼。经常变换通风口的位置,使全床的温、湿度条件尽量保持一致。随着温度的回升,秧苗长大,晴天中午逐步揭去塑料薄膜等覆盖物,进行大通风。中午床温过高时(35℃以上),禁止骤然揭大通风口,要先用草帘等遮光降温,然后进行小通风,以防秧苗"感冒"(叶片萎缩、变黄、干枯)。

⑥分苗及分苗床管理　分苗的目的是适当调整秧苗的营养面积和生长空间,改善光照和营养条件。同时,在分苗过程中,秧苗的主根被切断,可促进侧根的发生;也可通过分苗进行选优,使秧苗生长整齐。

番茄分苗有纸钵分苗、塑料钵分苗、泥钵分苗和开沟分苗等方式。

纸钵容易制作,应用较广泛,定植时伤根少,缓苗快。其制作方法是,先裁取长约 39 厘米,宽 14 厘米的旧报纸条。将裁好的报纸条卷在制钵筒(铁皮或其他材料做成,高 10 厘米,口径 10～12 厘米,两头开口)上,报纸一头伸出制钵筒约 4 厘米,将其伸出部分折叠后,从制钵筒另一头装满培养土,排放在床内,抽出制钵器即成。排放时,应使后排钵对着前排钵间缝隙紧密摆放,排成蜂窝状的六角形,以免透风失水,装好床后灌大水(以纸钵表面水高约 3 厘米为宜),待水渗完后栽苗,围培养土。一般每钵分苗 1 株。

塑料钵存放方便,可重复利用多年,推广前景好。有商用成品和人工制作 2 种。人工制作原料为普通 0.065～0.08 毫米厚的塑料薄膜。制作时，先将塑料薄膜裁成 33 厘米宽的条形，长度不限。再取长 1.5 米、5 厘米见方的木条一根，木条用白布包裹，将木条架在空中。然后把裁好的塑料条沿纵向卷在木条上，两边缘相叠约 1 厘米，在塑料薄膜上面铺一张旧报纸，用 300 瓦电熨斗将塑料薄膜边缘热合在一起。当黏合好后纵向取出塑料筒，每隔 8 厘米用剪刀剪开，即形成高 8 厘米、直径 9～10 厘米的塑料薄膜筒。

泥钵节省费用，制作容易。原料由 1/3 的腐熟马粪、麦糠、稻草、垃圾等、1/3 的炉渣、1/3 的园田土和成泥组成。制作前，先准备大小两个圆筒，都不带底。最好用白铁皮制作，或用废旧搪瓷缸做成大筒，大筒内壁必须光滑。小筒可用废手电筒代替。大筒的直径决定着泥筒的大小，而小筒直径则关系到筒壁的厚薄。常用大筒的直径为 9～10 厘米，小筒的直径为 3～4 厘米。制作时先用小铲将泥装入大筒抹平，然后把小筒插入大筒中间，再将大筒提起，小筒带泥抽出，把筒中的泥甩出，这样就成了中间留有一个圆孔的泥筒。晒干备用。

纸筒、塑料薄膜筒和泥筒分苗前，均需给苗床灌大水。再用手指在纸筒或塑料薄膜筒中央戳深约 3 厘米的孔一个，每孔放入番茄秧苗 1 棵，或用右手中指和大拇指夹住秧苗，秧苗根应与中指尖并齐，用中指将秧苗压入纸筒或塑料薄膜筒中央，再取干燥疏松的培养土，填入孔中。注意必须填满填实，谨防吊根。

开沟分苗节省时间，成本低，是最为便捷的分苗方式。又可分为暗水分苗和明水分苗 2 种。暗水分苗时，先在分苗床填好的培养土中按 7～9 厘米的行距开小沟，沟中浇水，随水按 7～9 厘米株距摆苗，水渗下后覆土封沟，再开下一个沟。

这种方法灌水量小,土壤升温快,缓苗快,但相对较费工,多在早春气温低的地区采用。明水分苗是在分苗床按7～9厘米行株距栽苗,全床栽完后浇水。浇水时,不可大水漫灌,小水溜灌即可。这种方法较为简便,多在春季气温较高的地区应用。

分苗床管理应着重抓好以下几点。

第一,分苗后到缓苗前,一般不通风,保持高湿条件,使床温保持在28℃～30℃。刚分过苗,晴天12时至14时要进行回帘遮荫,以防强光直射,秧苗萎蔫。5～7天缓过苗后,应选晴天浇一次缓苗水。

第二,缓苗后到定植前,要及时通风,使床温白天保持在20℃～25℃,夜间保持在10℃～14℃。晴天中午,揭去覆盖物,及时拔除杂草并耙松床面(用粗铁丝做的两齿耙)。床内过湿时,可撒干细土。定植前半个月左右,逐步进行降温锻炼,即先早揭晚盖草帘,然后去掉草帘,再从少到多,循序渐进,直至部分或全部去掉薄膜或玻璃,以适应露地气候条件。

第三,苗床温、湿度管理,要掌握好"三高三低"的原则,即白天高(25℃～28℃),夜间低(15℃～17℃);出苗前和分苗后高(27℃～30℃),出苗后和定植前低(20℃～25℃);晴天高(25℃～28℃),阴天低(20℃～25℃)。根据"三高三低"的原则,做到"两促两控",即出苗前和分苗后提高床温,促使快出苗,子叶发达和促进快缓苗,扎好根。出苗后和定植前,降低床温和苗床湿度,以防幼苗徒长。阴雨天气,争取多见光,减少床内湿度,不使秧苗黄化细弱。抓好以上几点,才能培养出优质的壮苗。

第四,早熟亲本材料,一般叶量较少,营养生长弱于生殖生长,因此,苗床管理应掌握以"促"为主,在"促"的基础上;采取"控而不死"的原则。分苗营养钵的口径要大,一般应大于或等于9～10厘米,使秧苗有较大的营养面积,以促进根系充分发育,才能培育出健壮的秧苗。露地番茄壮苗的外部形态应是,植株矮壮,茎秆粗硬,节间短,叶片肥厚,茎和心叶上有长茸毛,定植到大田后适应性强,缓苗快。

(2)整地做畦,施足基肥 地冻前及早深翻冬闲地,立茬过冬,大冻前浇冻水,这样可消灭病虫,熟化土壤。开春解冻后,及早浅翻(13～17厘米深),随即耙糖。翻耕时每667平方米施腐熟有机肥5 000～7 000千克、过磷酸钙50千克、草木灰100千克或硫酸钾15千克作基肥。越冬菜采收后,立即施基肥、翻耕、耙糖,进行土壤消毒。每667平方米用5%甲萘威2～2.5千克处理土壤,定植前10天左右再犁1次,随即耙平或做垄,每667平方米顺沟再施5千克尿素或10千克碳酸氢铵。

番茄栽培方式有平畦、半高垄和高畦。北方多用平畦和半高垄栽培,南方多用高畦栽培。平畦一般畦长7～10米,宽1.2～1.3米,每畦栽2行;半高垄一般垄底宽60～70厘米,高10～15厘米,垄面做成半圆形,垄长7～10米。长江流域以南,春露地番茄栽培时常遇到低温、多雨天气,有时雨量集中,泛滥成灾。所以要求整地时做成深沟高畦,畦面做成龟背形,畦的方向采用南北向延长,使植株能更多地接受阳光。通常畦宽100～110厘米,沟宽40厘米,畦高25～30厘米,畦沟和腰沟要连通,腰沟和边沟要略低于畦沟,便于排水,做到干旱时能灌溉,雨涝时能及时排水,雨停水干。

定植前秧苗要喷1次农药,使秧苗带药定植。常用的农药有300倍等量式波尔多液,或800～1 000倍甲基托布津液,或600～800倍代森锰锌液。喷药的同时,可在药液中加

2‰～3‰磷酸二氢钾、0.1%尿素液进行叶面喷肥。起到防治疾病,增强秧苗抗性,促进发棵,提高产量的作用。

(3)适时定植,合理密植 露地番茄需在当地晚霜过后,10厘米地温稳定在10℃以上时定植。番茄春露地栽培的条斑病毒病危害较重,因此,应待寒流过后,气候转暖时及早定植,使秧苗在高温来临前达到成龄抗性阶段。定植时可采用按株行距挖窝、点水、栽苗和覆土的办法,也可先开沟,然后摆苗围粪土,再顺沟溜水,最后待水渗完后覆土封沟,或采取干栽放大水的办法定植。定植深度以地面与子叶相平为宜。徒长苗可卧放在定植穴内,将其基部数节埋入土中,以促进不定根的发生,并可防止定植后的风害。

栽植密度应根据品种、整枝方式、土壤肥力等因素确定。一般早熟亲本比晚熟亲本密些。自封顶早熟亲本适宜的密度为行距40～50厘米,株距25厘米;自封顶中熟亲本为行距50厘米,株距26～33厘米;无限生长型中晚熟亲本为行距60～70厘米,株距33～40厘米。此外,单干整枝较双干整枝密一些,土壤肥力差的较肥力充足的田块密一些。

(4)加强田间管理 根据番茄生长发育规律与气候情况,采用相应的管理措施,以满足番茄生长发育的要求,促进秧苗健康生长发育,保持较高的开花坐果率,增加果实产量,提高种子的产量和质量。

①浇水与中耕 定植后的第一水(缓苗水)对丰产较为重要。灌得过早,如遇阴雨天不能早中耕,则枝叶易徒长,第一花序坐果较差;灌得过晚,土壤干燥,则影响根系发育,易发生病毒病。

大水定植的秧苗,土壤黄墒(土壤含水量12%～15%)时应及早中耕、保墒、提高土温。秧苗心叶发绿开始生长时浅浇缓苗水,然后进行中耕蹲苗,结合中耕培土 6～10 厘米,促使番茄发生不定根。中耕时,行间深锄,植株周围浅锄,防止伤根。

早定植、点小水或开沟溜水定植的,一般在定植后 7～10 天,天气晴稳后可灌一水,但灌水量不宜过大,否则土壤通透性差,遇低温时,土壤黏重的田块易发生沤根死苗。浇水后,要及时中耕蹲苗。蹲苗时间的长短应根据品系的特性、秧苗的长势、土质、地下水位的高低、气候情况及其他栽培环节灵活掌握。矮架自封顶亲本,植株长势弱,果实形成早,结果集中,应少蹲苗或不蹲苗,以防植株早衰。无限生长型亲本,长势强,蹲苗期可适当长些。带大蕾定植的秧苗,应少蹲苗,且在开花期天旱地干时,还应轻浇催花水,病毒病严重的地块及干旱年份,不应过分强调蹲苗。一般第一层果有核桃大小时,应停止蹲苗。结束蹲苗后,浅锄地皮、除草,并及时浇催果水。催果水浇得过早,果实还未进入迅速膨大期,茎叶生长快,消耗养分,第一层花序坐果差;浇得过迟,土壤缺水,不仅影响茎叶的正常生长,而且不能及时满足果实迅速膨大的需要,第一层果长不大,使产量降低。此后灌水应掌握地皮见干见湿的原则,灌水要均匀,避免时而大水漫灌,时而过度干旱。

②追肥　番茄生长期长,结果数多,需肥量大,耐肥力强。在重施基肥的基础上,要适时适量地分次追肥。采种栽培需要大量磷、钾肥。磷、钾肥与种子成熟和种子质量有关。施用氮肥应特别谨慎,如果氮肥过量,容易造成营养生长过度而影响开花,也容易落花,已结的果实过于肥大,而影响种子的生长发育。但植株生长较弱的早熟自封顶亲本,可适当追施氮肥。番茄在田间生长期需追施提苗肥、催果肥、盛果肥和根外追肥。

缓苗后结合第一次灌水追施提苗肥。通常每 667 平方米施尿素 5 千克或人粪尿 500 千克,以促进发棵壮秧,防止秧苗早衰。在第一层果开始膨大,第二层果刚坐住时追施催果肥。结合浇水每 667 平方米追施人粪尿 1 000 千克或复合肥 8～10 千克。在第一层果实开始采收前后,第二、第三层果开始迅速膨大时追施盛果肥,此时需肥量最大。每 667 平方米随水施人粪尿 1 000～1 500 千克,促进中层果实膨大,防止植株衰老,提高中后期产量。经试验,番茄果实膨大期,吸钾量急剧上升,占全生育期吸钾量的 70% 以上。因此,应注意中后期多施钾肥。中晚熟亲本生育期长,留果层次多,每次施肥应相隔半个月左右。当外界气温高时,尽量避免用未腐熟的人粪尿做追肥,以防地温增高,引起病害。

结果初期与后期,因高温天气使根系吸收能力减弱;可采用根外追肥,即叶面喷 2%～3% 磷酸二氢钾,或 0.1% 尿素,或 1% 的复合肥浸出液。根外追肥也可与防病药剂同时使用。

③植株调整　番茄植株调整包括搭架、绑蔓、整枝、打杈、摘心和疏花疏果等。

番茄除少数直立品种外均需搭架。当植株高 25 厘米左右时,要及时搭架、绑蔓,使植株竖立整齐,向空间发展,充分利用光能。小架番茄多采用单干支柱或圆锥架(三脚架或四脚架),大架番茄多采用“人”字架。为使架牢固,最好增加横杆。一般应在蹲苗结束、浇水后插杆搭架并及时绑蔓。绑蔓时松紧要适度,为茎的生长留有余地。

单干整枝是露地番茄种子繁殖的主要方式。这种整枝方式是在番茄整个生长期每株只留 1 个主干,其余侧芽全部摘除。密植栽培及早熟栽培多用此法。叶量小的亲本材料不宜采用此法。此外，对植株矮小、生长势弱、营养面积小的亲本也可采用一干半整枝。即每株除留主干外，在第一花序下留第一侧枝，侧枝结 1～2 穗果后摘除顶芽。

番茄腋芽萌发力强，为减少营养消耗，要掌握好打杈的时期，尤其是叶量小的早熟亲本，打杈过早会抑制根系的发育。第一侧枝一般长到 6～7 厘米时掰掉，以后的侧枝及早打掉，避免在下雨前、下雨时或露水未干时整枝，以防染病。对于杂株、病株应及时拔除，并用肥皂水洗手，以防交叉感染。

通常选留 2～4 层花序的果采种。因此，第四层花序以上的花蕾应及时摘除，并在第四层上留 2～3 片叶摘心。使养分集中于留种果。留种果每花序留果数因品种而异，早熟亲本 3～4 个果；中晚熟亲本 4～5 个果。变黄、老化的叶片光合作用逐渐降低，应及时摘除。

需强调的是，在留种田块，严禁使用生长调节物质。否则，会大大降低种子产量和质量。

(5) 完熟期采收 番茄的成熟过程，先后经过绿熟、变色、成熟和完熟 4 个时期。早熟亲本在授粉后 40～50 天开始着色成熟，中晚熟亲本 50～60 天完熟。番茄绿熟果中的种子，虽有完全正常的发芽力，但种子活力、千粒重、贮藏性等尚差。因此，必须在种果完熟后采收。

(四)亲本原种地膜覆盖繁育栽培技术

地面塑料薄膜覆盖栽培，简称地膜覆盖栽培，是一项操作简便、成本低廉的栽培技术措施，具有提高耕层土温，保持土壤水分，改善土壤物理性状，抑制杂草生长，促进根系生长发育的作用。目前生产上应用最普遍的是厚度为 0.015～0.02

毫米的无色透明膜。

1. 培育壮苗

培育壮苗是获得番茄种子高产和高质量的重要环节。地膜覆盖栽培番茄适龄壮苗的标准是：根系发育好，茎粗壮，节间短，苗高不超过25厘米，叶色深绿，第一花序现蕾，抗逆能力强，苗龄以65～70天为宜，早熟亲本在2片真叶期分苗，中晚熟亲本在3片真叶期分苗。

地膜覆盖番茄育苗的关键在于控制床内温度。若日均温低于15℃，日历苗龄延长，易形成老化苗；若日均温高于35℃，虽能缩短日历苗龄，但花芽质量差。适宜的育苗温度是，白天20℃～25℃，夜间10℃～15℃。当20％～30％的幼苗出土时，应及时通风降温；真叶露心后，要及时提高床温，保持白天20℃～25℃，夜间15℃左右。分苗后，要尽量提高床温，以促进缓苗。通常分苗后2～3天内不通风，使床温白天保持25℃～30℃，夜间20℃左右。缓苗后，又要及时将床温恢复到白天20℃～25℃，夜间10℃～15℃的适宜生长温度范围内。定植前7～10天要逐渐撤掉苗床覆盖物，以加强秧苗锻炼。

苗期应始终保持良好的光照条件。在整个育苗期，可通过及时清除苗床上透明覆盖物、早揭晚盖草帘、及时分苗和增加秧苗营养面积等管理措施，尽量增加秧苗的光照时间和光照强度，促进秧苗生长健壮。

在保证秧苗正常生长的前提下，应适当控制灌水。灌水过多，容易形成徒长苗，并易感染病害。通常播种前要灌足底水，在分苗前只分次覆土保墒，而不需再灌水。分苗时也要给足水分。缓苗后可根据秧苗生长发育情况轻灌或覆土保墒。

苗床的其他管理可参照"亲本原种露地繁育栽培技术"一节的相关内容进行。

2. 重施基肥，做好畦垄

整地质量是塑料薄膜地面覆盖栽培的基础。番茄覆盖地膜后，不易追肥，为保证整个生育期对肥料的要求，应重施有机肥，每 667 平方米结合翻耕施入农家有机肥 10 000～15 000千克。基肥应减少氮肥施用量，增施磷、钾肥。地膜覆盖的形式有高垄、平畦 2 种。高垄增温效果好，便于浇水、追肥、受光、排湿，土壤结构好，增产效果大；平畦覆盖省工、操作方便，但灌水或降雨后，畦面易淤积泥水，影响地温的提高。高垄应做成圆头形，即垄中央略高，两边呈缓坡状。垄面土壤细碎疏松、表里一致，使薄膜与垄土紧密接触。垄做好后，不要随意踩踏。平畦和高垄的规格可参照"亲本原种露地繁育栽培技术"一节的相关内容进行。

3. 选择定植方法，压严地膜

盖膜质量是地膜覆盖栽培的关键。薄膜应拉紧铺平，紧贴土壤表面，用土压严、压实。垄沟不覆盖薄膜，留供灌水、追肥。地膜覆盖番茄较露地番茄的定植密度应适当稀些。早熟亲本通常为每 667 平方米 3 000～3 500 株，中晚熟亲本为2 800～3 000 株。定植方法按操作顺序分为挖穴后覆盖地膜和先覆盖地膜再挖穴 2 种方法。先挖穴后覆膜，就是先按株行距挖穴，覆盖上地膜，定植时在每穴的薄膜上，开一个"十"字形口的定植孔，将秧苗定植后，用土封闭"十"字孔四周；先覆盖地膜再挖穴，就是铺好地膜后，按株行距用手铲或刀片在膜上划割适当大小的"十"字形口，在其下挖一直径 9 厘米，深

9厘米的穴,然后将定植苗埋入土中。定植苗时要做到"口要小,土封好,苗要正,不斜栽"。苗定植后,用湿土将膜压紧、封严,防止风从定植口吹进,使膜上下扇动而破裂,同时防止水分、养分、热量从开口处向外逸出。定植结束后,要立即灌水,有条件的地方最好将人粪尿随水施入。定植水量不宜过大,以免降低地温,影响缓苗。

4. 加强田间管理

(1) 地膜管理　要经常检查薄膜,尤其在缓苗期,若有破裂现象要及时用湿土封严,以防漏气降低地温。若发生杂草生长顶松薄膜的现象,可在晴天中午最热时,在其上压土块或用脚踏的方法,使其灼伤而死。在刮大风时更要及时检查地膜,及时封好被风刮开的裂口,否则就会刮坏地膜。

(2) 中耕与灌水　灌定植水后,应合墒在沟内进行中耕,中耕深度为8～10厘米,以疏松土壤,提高地温,保持湿度,使根系向深层发展,扩大吸收范围,植株也比较敦实。结合第一次中耕,在沟内取土培于植株基部,既压膜,又能保墒。

地膜覆盖栽培,根系周围土壤温度高,保水力强,土壤微生物活动能力加强,有机质分解速度加快,有利于作物吸收,植株的营养生长比较旺盛。若管理稍有不慎,易出现秧、果失调现象。因此,生育前期,应适当减少灌水次数与灌水量。一般灌水量较未盖薄膜栽培的减少1/3。

(3) 追肥　果实迅速肥大期,随灌水每667平方米追施人粪尿1000～1500千克或磷钾复合肥10～15千克。结合喷药防病,可叶面喷施2%～3%磷酸二氢钾或2%～3%过磷酸钙溶液,以满足果实、种子发育对磷、钾肥的需要。

(4) 果实的采收　番茄亲本种子的饱满度、色泽、发芽率以及病虫害等都有严格的要求。早熟亲本果实一般在授粉后40～50天达到完熟期,中晚熟亲本在授粉后50～60天达到完熟期。为了获取发育良好、籽粒饱满的种子,须待果实达到完熟期时采收,但不要过熟,以免造成落果、腐烂和感染细菌,影响种子发芽率。对于裂果、烂果、坏果、病果要坚持单采单收。这些果实可造成种子颜色不佳,发芽率可能较低。分别采收后,经检验发芽率无问题时方可与好果种子混合。对果实发育不良,特别是后期因植株生长状况不好,肥力不足,或单株着果数太多、植株负担重,果实难以长到足够大小,这些果实种子往往发育不良,发芽率较低,应与好果分收,经鉴定发芽率达到要求时再与好种混合,否则不能留种。若同时采收多个品种,不同品种的果实要分别堆放,并做好标记,严防机械混杂。

其他田间管理可参照"亲本原种露地繁育栽培技术"一节相关内容进行。

(五)果实的酸化与清洗

完全红熟的果实采收后不需后熟即可进行掏籽。方法是:用刀横割果实或用手掰开果实,挤出种子或用番茄脱离机脱离出种子。取出的种子周围会有部分果肉和胶冻状黏液,难以分离,需置于容器中进行酸化发酵。发酵工具可用木、陶、搪瓷、玻璃容器等。若种子量较大,简易的方法是用砖在平地上砌成一长方形发酵槽,其大小依种子多少而定,槽内地面整平、夯实。然后,在槽内铺一张无裂缝、无孔洞的完整塑料薄膜,用于发酵。但不得使用铁器,否则会使种子颜色变差。

酸化发酵时,可将挤出的种子及其附带的部分果肉和胶冻状黏液一起放置于干净的发酵容器(槽)中,严防水分进入,并用塑料薄膜等防水布包盖严实,防止雨水淋湿。在酸化发酵中,如加入水或淋入雨水,种子颜色会变褐、变黑,甚至在发酵容器(槽)中就有部分种子发芽。此外,发酵时,容器(槽)内的液体体积会因发酵而膨胀。因此,容器(槽)不要装得过满,应距容器边缘有 15～30 厘米的距离,否则,会使发酵液溢出而造成种子流失。

　　发酵时间的长短与种子的色泽、发芽率均有密切关系。发酵时间过短,则胶冻不易与种子分离,洗出的种子稍带有粉红色;发酵时间过长,则种皮变黑,发芽率降低。发酵时间与发酵温度相关。通常在 25℃～30℃下,发酵 24～36 小时即可进行种子清洗。发酵的程度以浆液表面有白色菌膜覆盖、上面又无带色的菌落为宜。如表面没有白色菌落,则表明没有发酵好。但如白色菌膜上出现铁锈色、绿色或黑色菌落时,则表明浆液受细菌感染,多是发酵时间过长所致。发酵结束后,即可用木棒在发酵容器中搅动,使种子下沉与果胶分离,去掉容器(槽)上部污物,捞出种子,用水冲洗混杂在里边的果皮、果肉等杂物,漂出在水面的秕籽,随时观察有无种子萌动发芽现象,并注意清除。然后将沉在底部的好籽装入纱布袋中,挤出水分或放入离心机中甩干,发酵适度的种子应呈乳黄色,种子上有明显的茸毛。稍加揉搓种子便分开,而不粘连。经清洗的种子应立即进行干燥处理。

八、大棚番茄有性杂交技术

番茄杂种一代品种,在早熟性、抗逆性、一致性、丰产性和品质方面都有非常明显的优势。番茄生产应用杂种一代品种优势投资少,见效快,受到了各国普遍的重视,许多发达国家如美国、日本、法国、荷兰、保加利亚、意大利等国,为了降低种子生产成本,在劳动力富余的国家寻求杂交种子生产基地。我国劳动力廉价,自古以来就有精耕细作的传统,是适宜茄科蔬菜杂交一代品种生产的最适宜的国家。从 20 世纪 80 年代起,我国开始利用国外亲本进行真正商业性的种子生产和出口。由于所生产的种子质量好,产量高,在国际市场上具有较强的竞争力,取得了良好的信誉。

此外,随着国内番茄杂交种子的推广,杂种一代的生产有了很大的发展。国内已形成一批重要的番茄杂交制种基地,如陕西省临潼番茄制种基地、辽宁盖州番茄制种基地和甘肃酒泉制种基地等都受到外商和国内种子部门的重视。然而,由于我国制种田多数掌握在个体制种户手里,他们的制种技术参差不齐,其中多数制种人员缺乏系统的专业培训。因此,推广和普及番茄制种技术的任务仍然十分艰巨。

番茄杂交制种必须根据番茄的生长、开花习性,选择适宜的基地和亲本,并按照技术要求进行认真细致的操作和加强管理,提高种子的产量和质量。

（一）杂交前的准备

1. 亲本植株的准备

番茄杂种一代杂交制种时,父本品种的栽植株数一般为母本的1/8～1/4,如父本品种花多或花粉多,还可适当减少。如父、母本花期先后相差较大,父本应适当提早或延迟播种,使双亲花期接近。种植密度母本一般为每667平方米2 000～2 500株,父本为每667平方米3 000株左右。在定植缓苗后及杂交前集中2次检查亲本的纯度,及时拔除异品种株。父本通常不整枝或3～5干整枝,而母本则根据生长习性来确定,若为早熟有限生长型可采用多干整枝,也可采用密植双干整枝的方式,无限生长型的中晚熟品种多采用双干整枝。为使植株营养能集中运向果实,在主枝上留3～4穗果后即可摘心。

2. 杂交时间

番茄人工杂交的时间应安排在最适于开花、授粉受精和结果的季节。番茄开花结果适宜的气温为20℃～28℃,当昼温高于32℃,或夜温高于24℃,或夜温低于12℃时,坐果率低,落花落果严重。在昼温22℃～28℃,夜温15℃～18℃,天气晴朗,少雨时,坐果结实率最高。因此,可根据当地的有利气候条件,选择最佳杂交时间进行杂交。在适期进行杂交,其气温适宜,杂交植株开花多,坐果多,单果结籽多,种子质量好,单位面积产量高。北方地区以5月中旬至6月中旬为宜,南方地区可提前1～2周,华南地区多在9～10月份进行杂交制种。

3. 杂交工具的准备

番茄杂交制种通常需要医用牙科镊子、采粉器、干燥器、网筛、授粉器、小玻璃瓶、干燥剂、棉球、70％酒精、冰箱等。

牙科镊子，用来去雄。采粉器，用来采集花粉（图 8-1）。花粉干燥器，无条件者可用带盖的铁桶，铁桶底部装干燥剂。网筛，用 100～150 目尼龙网底或不锈钢网底制成小筛，筛取花粉用。授粉器（管），一般取长度为 7 厘米左右的中空玻璃管或塑料管用酒精灯烧制，一端烧合并磨成光滑的圆面，在圆面的一端距端头 0.5 厘米左右处烧出一个能放进柱头的圆孔，孔面要光滑，作为授粉孔。小玻璃瓶，用来盛放和贮藏花粉用。干燥剂，用于花粉干燥，常用的干燥剂是变色硅胶或无水氯化钙，也可用生石灰代替。棉球与 70％酒精，在更换父本时用于手、镊子、授粉器等工具的消毒。冰箱，用于贮藏花粉。

图 8-1　采粉器

4. 选择杂交花序和花朵

选择适宜杂交的花序和花朵。一般在主干上第二至第四花序中选花朵杂交。第一花序开花坐果早,种子千粒重高,但坐果率低,畸形果多,单果结籽少,为节省工时最好不用来杂交。从侧枝上第一至第三花序中选花杂交。更高节位的花序因开花晚、坐果率低、种子质量差而不宜用作杂交。花序上花朵着生的位置对其坐果率也有影响。通常第一至第三朵花坐果率最高,第四朵以上的花朵坐果率差,坐果后,其果内种子数量少,质量差。因此,杂交制种时多用花序基部1～4朵花,樱桃番茄可选1～6朵花杂交,而将多余的小花、弱花及顶花摘除。

(二)母本去雄

1. 去雄时间

去雄之前必须摘除植株上已开和开过的花朵以及畸形花和小花。人工杂交成功与否,关键是掌握去雄时期。去雄的最佳时期为蕾期,一般选择翌日将要开放的花朵去雄为宜。去雄最迟应在花粉成熟前 24 小时进行,这时花冠已露出萼片,雄蕊变黄绿色,花瓣伸长至花瓣渐开或展开呈30°角。掌握好去雄时间十分重要,去雄过早,花蕾太小,花朵尚未成熟,不仅不便于操作,而且降低坐果率和种子量;去雄过晚,花粉容易落在自花的柱头上而授精,有自交的可能性,成为假杂种。去雄时间以 9 时 30 分以前,16 时以后为宜。每穗花序应选择近基部的发育正常的花,数量为大果型 4 朵,中果型 5

朵,小果型留6朵,不需要的花、不良花和畸形花应除去。

2. 去雄技术

去雄的方法有徒手去雄和机械去雄2种。徒手去雄是在每个花朵呈喇叭状达到渐开阶段,用左手拇指和食指持花柄,右手拇指和食指的指甲夹住母本花朵的花瓣和雄蕊药筒的一角,向上拧提,即可将花瓣连同花药筒一次拧掉。熟练后,不但去雄速度快,而且不易伤损雌蕊。机械去雄是用左手的拇指和食指平持花蕾,右手持尖头镊子,小心地从花药筒基部伸入,将花药和花瓣一起剥掉,不要碰伤或折断柱头。去雄时应将花药全部摘除,不许留下半个花粉囊,否则易产生自交果。由于番茄花小,花茎和花柱易折,所以去雄技术应熟练,不可用力夹持或转动花蕾,也不可用镊尖碰伤雌蕊。

不同品种花蕾的去雄难易不同。通常1个熟练人员每天可去雄1 000~1 500朵花。

(三)父本花粉的采集与保存

1. 花粉的采集

杂交前要认真、细致地对供杂交的父本逐株进行检查,彻底拔除父本田里的杂株,宁可错拔也不能漏拔。否则,即使混杂一株也可能大大降低杂种纯度,甚至导致制种失败。

采集父本花粉时,应挑选已全部开放且花梗较粗的正常花朵,花药颜色呈金黄色,花瓣展开达180°角,纯净、充足而生活力强的花粉。一般采集的时间在10时以后或阴天中午进行。采集花粉通常有采粉器采粉和摘花采粉2种。采粉器采粉直接从盛开的花中采集,不必将花朵摘下,采粉量大,适宜大面积制种时采用。采粉器形状如手电筒,前端由微型电机、弹片及集粉匙组成,后部安装供电电池。采粉时将弹片插入盛开的药筒中,接通电源后弹片颤动,将花粉振落在集粉匙内,当集粉匙内装满花粉时,将其转入盛装花粉的器皿中,以备授粉用。摘花采粉是把花朵摘下,带回室内摊开经过干燥处理,使花药开裂,花粉散出,通过过筛后收集花粉。

花药干燥有自然干燥、生石灰干燥、灯泡干燥和烘箱干燥4种方法。自然干燥法是将所有的花药散放在硫酸纸上,然后铺在筛子中。由于筛子上下透气,有利于干燥,在自然条件下选背阴处阴干,大约需要 2～3 小时。注意最好不要在强光下直接照射花粉,否则,易使其丧失生活力。这种方法简单易行,不需特殊工具,但只适用于日照较好的无风天气。生石灰干燥法是用一个有严密盖子的容器如桶、钵、瓮等,下部放上 2/3 的生石灰,上面密闭,于傍晚放在花药存放处,第二天早晨花药便干燥,即可过筛。灯泡干燥法是把花药铺在一层硫酸纸上,再把纸放在筛子中,在花药的上方挂一只 100～200 瓦的灯泡,灯泡距花药 15～20 厘米,这样利用灯泡散发的热量将花药烘干。烘箱干燥法是将花药放入温度调至 32℃ 的恒温烘箱,经过一夜处理即可使花药干燥。注意花药不能过分干燥,否则易碎,不易与花粉分离。

将干燥的花药轻压,使花粉散落出来,然后用 50～100 目纱布过筛,分离花粉与花药碎片,收集花粉。

2. 花粉的保存

采集的花粉以当天授粉为好,如果当天没有用完,可以将盛花粉的容器盖严密封,贮存在冰箱、干燥器或石灰缸内。花粉在常温干燥条件下,一般可连续使用 3 天。制种时正是温度较高的季节,花粉寿命短,3～4 天后则失去生活力,不能使用。大量采集的花粉可装入瓶中置于 4℃～5℃的冰箱中保存,贮存期约 4 周,供随时取用。

(四)授　粉

1. 授粉时期

一般去雄当天或去雄后 2～3 天开始授粉。授粉应选择晴朗无风天气,以 8～11 时为宜,15 时以后授粉,也可获得较高的结籽率。若上午授粉过早,植株上有露水,则易使花粉吸水膨胀,影响发芽;若上午授粉过晚,又易遇中午高温,不利于花粉发芽。如授粉后 12 小时内遇到降雨,待雨后花朵上水分已干或第二天露水干后必须重复授粉,否则花朵脱落。

2. 授粉技术

授粉时,应选花瓣鲜黄色,雌蕊柱头黄绿色的母本,可将其柱头轻轻插入授粉器的授粉口中,轻微晃动授粉器,使柱头上蘸满花粉即完成授粉。如无授粉器,左手拇指与食指轻轻夹住花的基部,然后用铅笔的橡皮头或海绵做成的授粉刷,蘸取少量花粉,轻轻、均匀地涂在已去雄的母本柱头上。对于去雄后随即授粉的花朵,为了提高坐果率和单果结籽量,在授粉后的第二天或第三天再重复授粉 1 次。

为了标记去雄后授粉的花朵,授粉前去掉 1 片萼片,重复授粉时再去掉相邻的另 1 片或 1 次摘去 2 片,到采收时检查每一采收的果实是否缺少 2 片萼片,凡与此标记不符的果实须摘下,不用作留种,凡落地的果实一律不按杂交果采收。萼片一定要从基部用镊子揪断,否则不易与自然干枯的萼片区分。也可用有色线、印油等方法标记,便于采收时识别。

每一母本植株周围只能种植父本植株,其他品种必须隔离 50 米以上。如果多品种多组合同时进行杂交,各组合间必须实行地区隔离,或对杂交用的父母本花朵于杂交前套袋隔离,以防自然杂交。同时在对每一组合去雄或授粉之后,双手及所用的镊子和授粉器械等工具必须用酒精棉花揩净,以防混带花粉。授粉全部结束后,应将母本上未经去雄的花蕾和自交果全部摘除,拔除杂株及父本,并在最后授粉的花序以上留两叶摘心,以保证授粉后果实的良好发育。若同一母本植株或同一果穗,同时保留杂交和未杂交的果实,必须做好记号,严防混杂。

(五)授粉后的田间管理

1. 通风排湿

由于大棚的气密性好,棚内温度升得早、快、高,密闭时,棚内温度超过番茄生长发育的最高限,加之棚内湿度大,容易出现二氧化碳浓度过低,如不及时通风排湿,番茄会出现生长不良或停止生长,也容易发生病害。因此,加强通风排湿是生产成败的关键,其管理原则是:前期通风量宜小,时间宜短;坐果盛期通风量宜大,时间宜长。通风时间,初期要迟通风、早关闭;中后期要早通风、迟关闭。棚温过高时,扒开两侧围膜,或先开一侧围膜(下风头)。此后,随着温度的逐渐升高,逐步加大通风量(加宽扒缝)。由于棚两端较棚中部温度低,故先扒开棚中部薄膜,后将棚两端门打开。当棚内温度达 20℃时,全部关闭通风口。棚内温度控制的指标是:中午温度控制在 25℃～30℃。杂交果发白时,白天温度控制在 27℃～29℃,夜间控制在 12℃～16℃。此后,随着外界气温的逐渐升高,直至全部去掉。大棚在揭去薄膜后,可覆盖尼龙网,起到防虫、防病和防止自然串花,降低杂种纯度等作用。

2. 肥水管理

番茄植株进入生殖生长盛期,需水需肥量大,要增施钾肥,协调氮、磷、钾比例,促进植株对氮、磷肥的吸收利用,及时追肥灌水,要保证三肥四水。第一次追肥是在第一层果的膨大期,第二次追肥是在第一层果采收期,此时植株挂果最多,要重施追肥,第三次追肥是在采收旺期。灌水可根据土壤肥力、墒情、天气情况,一般 5～7 天灌水 1 次;每坐 1 层果追 1 次肥。制种栽培需要大量磷、钾肥,因其与种子成熟和种子质量有关。但如果氮肥过多,易造成营养生长过旺而影响开花,也易落花,果实则过于肥大而种子发育不佳,发芽不良。制种后期,早期杂交果已陆续膨大,正值植株生育旺期,应视土地肥力状况在制种结束前 1 周或制种结束后立即进行追肥,随水每 667 平方米施复合肥 15 千克。

3. 整枝打杈

番茄的分枝能力很强,各叶腋间都会萌发侧枝,而且侧枝的生长速度快。整枝打杈是人为调节营养生长与生殖生长的比例关系,防止植株徒长,促进果实膨大、成熟,减少病害的不可缺少的措施。整枝操作必须选择晴天,待植株上的露水干后进行,这样有利于伤口的愈合,防止病菌的感染。整枝时,应将植株下部的老叶打掉,增加植株下部的通透性。搭架和引蔓一般在番茄第二层花序开花时用小竹竿搭成"人"字架进行绑蔓,且要拉腰杆,使植株枝叶充分布展。

4. 病虫害管理

番茄病虫害较多,应特别注意防治。具体防治技术参见"九、大棚番茄主要生理障碍及病虫害防治"。一般每 7～10 天喷药 1 次,结合喷药,进行叶面喷肥,如磷酸二氢钾、叶面宝等,以增强植株的营养与抗性,保持一定的空气湿度,避免因高温、干燥引起柱头变褐,授粉能力差。在授粉期间,喷药应在授粉后 30 分钟进行,或尽量在上午授粉,傍晚喷药,以提高坐果率。

此外,如果繁殖 2 个以上的番茄品种,或周围有番茄栽培,应保持 50～100 米的空间隔离,以防串花,保持种子纯度。还要重视父母本的去杂工作。父本要除去异型植株,如植株高度、叶片形状与颜色、叶脉、花序间隔叶片数不同者等应全部拔除,宁可错拔而勿漏拔。母本要注意除去非本亲本特征特性的植株、异型植株。严格选择,淘汰叶片卷缩的植株,拔除病、杂、劣株。

九、大棚番茄主要生理障碍及病虫害防治

生理障碍与病虫害是制约大棚番茄制种生产的重要因素,其常常导致尚未完熟的番茄果实霉烂、变坏,种子质量劣变,产量下降。掌握番茄生理障碍与病虫害发生原因、规律及防治方法,是增加番茄杂种种子产量,提高种子质量的重要措施。

(一)主要生理障碍的防治

大棚番茄种子生产的主要生理障碍包括畸形果、空洞果、日灼病、裂果、脐腐病与筋腐病等。

1. 畸形果

【症状与发病条件】 番茄畸形果是指番茄果实膨大后出现桃形、瘤形、歪扭、尖顶和凹顶等。引起番茄畸形果的原因主要有3种:一是番茄在持续低温、氮肥、水分及光照充足的条件下,使养分过分集中地运送到正在分化的花芽中,花芽细胞分裂过旺,心皮数增多,开花后心皮发育不平衡而形成多心室畸形果;二是水肥管理跟不上,缺硼、缺钙元素会增加果实畸形病的发生;三是春番茄苗期低温阴雨、光照不足或秋番茄苗期遇高温,将影响花芽分化,大大增加第一至第二花序的畸形果率。

【防治方法】 ①加强苗期管理。采用地热线育苗,白天

苗床保持 22℃～25℃,夜间 15℃～17℃,尤其在 2 片真叶期,夜间温度不能低于 12℃,以培育壮苗,促进花芽分化。②合理施肥灌水。避免偏施氮肥,适量增施磷、钾肥,培养土疏松透气,营养齐备,可满足花芽、花器分化和植株发育所需的营养条件。果实发育期水肥管理要均匀。

2. 空洞果

【症状与发病条件】 番茄空洞果是指果实在果壁与果肉胶状物之间有不同程度的空洞,果皮凹陷,果实从果顶至脐部易形成突起,果肉膨大不均匀的现象。引起大棚番茄空洞果的主要原因有:①天气不良。番茄在开花坐果后,如果遇上持续阴雨天气,光照不足,导致光合产物减少,果实内部养分供应不足,造成果皮生长与果肉生长不协调,容易形成空洞果。②管理措施不当。在温度超过 35℃且持续时间较长时,导致授粉受精不良,果实发育中果肉组织的细胞分裂和种子成熟加快,与果实生长速度不协调,会形成空洞果。坐果后浇水量及追肥量不匀,或是在生长后期及结果盛期肥力不足,营养跟不上,导致养分不足而形成空洞果。

【防治方法】 ①加强肥水管理。在肥料使用上要增施有机肥,合理搭配氮、磷、钾肥,使植株的营养生长与生殖生长平衡;在水分供应上,要根据不同的生长时期及土壤墒情确定浇水量与间隔的天数,采取暗沟灌溉的办法,并在每穗果膨大盛期,随水追肥,植株若有早衰现象时,要用 0.3% 的磷酸二氢钾在第二穗果膨大时进行叶面喷施,每隔 6～7 天喷施 1 次,连喷 2～3 次。②改善光照与温度条件。增加光照时间,提高室内温度,一般要求大棚内气温保持在昼温 20℃～27℃,夜温 8℃～14℃,避免 8℃以下的持续低温。杂交授粉后,随着天气逐渐转暖,大棚内最高气温可达 35℃以上,这时要注意适当放风降温,中午前后延长放风时间和合理加大通风量,避免长时间 35℃以上的高温。

3. 日 灼 病

【症状与发病条件】 又名日烧病、日炙病、日伤病。主要危害番茄果实。主要发生在果实上。果实肩部表面受强光暴晒后干缩变硬,呈透明革质状,后形成黄褐色斑块。有的出现皱纹,凹陷,果肉呈褐色块状。当日灼部位受病菌侵染或寄生时,长出黑霉或腐烂。果实膨大期天气干旱,定植过稀,植株叶片稀少,土壤缺水时容易引发该病。

【防治方法】 增施有机肥料,增强土壤保水力,合理密植。对叶片稀疏的品种,可适当减小株距,实行宽行密植,在不影响通风透光的情况下,减少日光直射的机会。加强叶病防治,防止早期落叶。摘心时,要在最顶层花序上留 2～3 片叶子,以利于覆盖果实,减少日灼。

4. 裂 果

【症状与发病条件】 也称纹裂果。多发生在果实成熟期,有的以果蒂为中心围绕果蒂呈环状浅裂;有的以果蒂为中心向果肩部扩展,呈放射状深裂,从果实绿熟期开始发生,多为干裂;也有的在果顶花痕部呈不规则条状开裂。番茄裂果主要是由于果实在生长发育期间先期遇到高温干旱,使果实的表皮生长受到抑制,而后遇到暴雨或灌水,土壤水分急剧增加,导致果皮生长跟不上果肉组织的膨大而引起裂果。不同品种对裂果的抗性差异较大,一般果皮薄、果形扁圆、大果型品种易裂果。

【防治方法】 深翻土壤,增施磷、钾肥,增强土壤保水和透水性,促进根系生长,缓冲土壤水分含量的剧烈变化。此外,还应合理灌水,使田间土壤保持湿润,防止土壤过干或过湿,特别要防止久旱后过湿,雨后要及时排水。

5. 脐腐病

【症状与发病条件】 又叫蒂腐病、顶腐病、黑膏药。由水分供应失调或土壤缺钙引起。青果最易感病,主要在果顶部,以落花的部位为中心,发生暗绿色水渍状病斑,后变为暗褐色或褐色,引起下部果肉溃烂收缩。病部扁平、坚韧,后期常因腐生菌生长而产生黑色霉;被害果提早变红,品质降低,种子质量差。如遇阴雨,病变部容易被其他病菌侵入而引起腐烂。

【防治方法】 掌握水分均衡供应,特别是干旱季节要注意灌水,适当深耕,施用腐熟农家肥,促进根系发育,增强吸水力。从开花初期用1%过磷酸钙或1%氯化钙浸出液进行根外追肥,每隔15天喷1次,可以增强青果的抗病能力。

6. 筋腐病

【症状与发病条件】 是番茄大棚栽培中常发生的一种危害果实的生理病害,病果率可达20%~35%。主要症状表现为果实着色不均匀,横切后可见果肉维管束组织呈黑褐色。发病较轻的果实,部分维管束变褐坏死,果实外形正常,但维管束变褐部位不转红。严重时,果肉维管束全部呈黑褐色,病果果面局部凸凹不平,僵硬或坏死,果肉变硬,不能食用。也有的只表现果肉糠心,病果变硬而无褐变,维管束流出白色乳液。

该病的发生受品种、植株、土壤、光照、湿度、养分、温度等多种因素的影响,由于大棚番茄是提早或延后栽培,而早春和晚秋环境和土壤温度低,中期夜温高、湿度大,再加上密度不合理,管理不当,氮肥过多,氮、磷、钾比例失调,土壤板结,管理欠佳等原因造成植株生长不良,果实膨大期间光照不足,影响光合物质的生成,引起筋腐病的发生。

【防治方法】 ①选用抗病品种。一般国产品种较国外引进品种抗病,粉果型较红果型抗病,小果型比大果型抗病。②轮作换茬。发病严重的大棚尤其要重视轮作倒茬,以缓和土壤养分的失衡状态。③合理施肥。大棚番茄施肥要轻氮少磷,重钾补钙镁。施肥时氮、磷、钾、钙、镁要配施,在开花、结果盛期和果实膨大期追施钾肥。施肥应为基肥加追肥,以有机肥、蔬菜专用肥为主,合理配施化肥。另外,还要根据肥料中养分的含量和营养元素的利用率计算施肥量,做到科学施肥。④加强管理。合理密植,适时整枝,改善通风透光条件,增加光照;加强温、湿度调控,早春和晚秋注意保温,防止温度过低,夏季防止高温徒长;浇水时防止大水漫灌,最好采用膜下渗灌或滴灌,防止湿度过大和土壤板结,造成不良土壤环境。

(二)主要病害的防治

大棚番茄种子生产的主要病害有:灰霉病、叶霉病、早疫病、晚疫病、溃疡病、根结线虫病、枯萎病、白粉病、病毒病、白绢病、青枯病和细菌性斑点病等。

1. 灰 霉 病

番茄灰霉病是目前温室、大棚和拱棚中番茄的重要病害。

发生严重的地块,一般减产二至三成,除危害番茄外,还可危害马铃薯、辣椒、茄子、莴苣、黄瓜和西葫芦等。

【症状与发病规律】 主要危害番茄果实,从幼果至大果都可受害。接近果柄处的果面先出现淡黄褐色水渍状病斑,无固定形状,边缘也不清晰,以果柄处为中心,病斑很快向四周果面发展,病斑扩及之处,果肉软腐,最终可使整个果实腐烂脱落。后期在病部表面生出一层灰色霉层。叶片受害,病斑由边缘向里成楔形发展,呈浅灰色水渍状,并有深浅相间的轮纹,表面长有少量灰霉叶片枯死。

该病是由灰葡萄孢菌引起。病菌以菌核在土壤里越冬,也可以菌丝及分生孢子在病残体上越冬,通过气流、雨水和农事操作传播。病害流行的适宜条件是温度 21℃~23℃,空气相对湿度 90%以上。连续阴雨、长期低温、植株过密、光照不足、通风不良等有利于灰霉病的发生和蔓延。

【防治措施】 ①床土消毒。用 20%福尔马林对苗床培养土进行消毒处理。②土壤处理。包括太阳能消毒、浅耕晒垡、火烧垡头与高温闷棚等措施。太阳能消毒是在大棚作物收获后,清洁田间,多施有机肥料,然后翻地整平,在 7~8 月份,气温高达 35℃ 以上时,覆膜,土壤温度可升至 50℃~60℃,密闭 15~20 天,可杀死土壤中的大部分病菌和虫卵。浅耕晒垡、火烧垡头的方法是:前茬作物灭茬后,选无风晴天上午,先在地表撒一层 5 厘米厚的麦糠,再掘翻表层 12~15 厘米土层,只翻不耙,最大限度地保留坷垃,让麦糠进入坷垃的缝隙中,然后,再撒一层 25~30 厘米厚的麦秸草,点火烧土。明火燃烧完后,再次翻土,将其红头热灰翻盖在土下。这样可把表层 15 厘米深的土壤加热至 60℃~80℃,并能维持数小时之久,能较彻底地杀灭根结线虫和绝大多数病菌与害虫,并给土壤增施了草木灰钾肥。高温闷棚是在下茬作物种植前半个月左右,应先整好地,做好畦,并浇足底水,上好棚膜,每 667 平方米棚室需硫黄粉 2.5～3 千克,在棚内分 3～4 堆点燃硫黄粉,点火后立即关闭棚室门窗,封严棚室塑料薄膜,高温闷棚 7～10 天。高温闷棚,应在 7 月底以前完成,这时气温较高,闷棚后室内温度可达 60℃以上,土温可达 50℃以上,能较彻底地消灭大棚内残存的病虫害。只要以后注意做到净苗入棚,严密封闭和隔离大棚,室内就会没有或极少有病虫源,从而达到事半功倍的效果。③加强栽培管理。深翻土地,合理密植,注意通风换气,降低棚内湿度;发病初期及时摘去老叶,以利于株间通风,并适当控制灌水,严防灌大水;及时摘除病叶、病果,深埋或烧毁。④药剂防治。发病初期喷 50%甲基托布津可湿性粉剂,或 40%嘧霉胺悬浮剂 800～1 200 倍液,或 75%百菌清可湿性粉剂 500～600 倍液,或 50%腐霉利可湿性粉剂 2 000 倍液,或 50%异菌脲可湿性粉剂 1 000 倍液,或 72.2%霜霉威水剂 800 倍液,或 45%噻菌灵悬浮剂 3 000 倍液。大棚也可用 10%百菌清烟雾片剂,每 667 平方米用药量 400 克左右,或 10%腐霉利烟雾剂,每 667 平方米用药量 250 克,或 10%腐霉利粉尘剂,每 667 平方米用药量 1 千克,密闭棚室于傍晚点烧熏烟,可收到很好的防治效果。

2. 叶霉病

番茄叶霉病是温室和大棚栽培番茄的重要病害,如在结果期发病,常因病叶干枯而严重减产。除危害番茄外,很少危害其他作物。

【症状与发病规律】 主要危害叶部,有时在茎、花和果实上也有发生。发病初期,叶面出现黄绿色不规则斑块,潮湿时,叶背长出一层灰白色至茶褐色绒霉,条件适宜时,叶面也长出霉层。病斑扩大后常以叶脉为界,形成不规则大斑,病叶变干、卷缩,最后枯死。此外,嫩茎及花梗、果柄上也能产生和叶部相似的病斑,并可延及花冠,引起花黑、凋萎或幼果脱落。果实受害常在蒂部形成圆形黑色病斑,以后逐渐硬化、凹陷。

叶霉病由黄枝孢霉菌侵染引起。病菌以菌丝体、菌丝块和分生孢子潜伏种子表皮下或病残体上越冬。分生孢子通过气流、风雨传播,经气孔侵入,扩大再侵染。在空气相对湿度达95%以上,气温20℃~25℃的条件下,病菌迅速繁殖,10~15天即可使整个保护地普遍发病。一般棚室内湿度偏高、通风不及时,容易发病。植株定植密度大,不及时整枝打杈,管理粗放都会加重病害的发生。

【防治措施】 ①种子处理。用55℃温水浸种30分钟后,再用自来水浸种催芽。②加强栽培管理。大棚栽培要注意通风,降低湿度,适当控制浇水,特别是催果期间,不要大水大肥猛攻,以防棚内湿度过大,引起病害。露地番茄,在雨水多、湿度大的年份也易发生叶霉病,所以栽植不宜过密,并注意及时整枝打杈,适当增施磷、钾肥,提高植株抗病力。③熏烟消毒。大棚栽培番茄,定植前每55立方米空间,用硫黄0.25千克,锯末0.5千克,混合拌匀,分放几处,点火密闭,熏烟1夜,然后开窗换气,再行栽植。④药剂防治。发病初期,及时摘除下部老叶和病叶后,立即喷药保护,每隔7~10天连喷2~3次。常用药剂有:50%甲霜灵锰锌可湿性粉剂600倍液,或70%甲基托布津可湿性粉剂1000倍液,或50%多菌灵可湿性粉剂500倍液,或50%异菌脲可湿性粉剂1 500~2 000倍液,或50%腐霉利可湿性粉剂2 000倍液。

3. 早疫病

【症状与发病规律】 又叫轮纹病。主要侵害番茄的叶、茎、花和果实。叶片受害,初呈水渍状暗褐色的细小斑点,逐渐扩大成直径 1～2 厘米圆形或近圆形病斑,边缘深褐色,中心具有明显的暗色同心轮纹,潮湿时病斑上长出黑色霉层。病叶一般从植株下部叶片开始,逐渐向上蔓延,严重时下部叶子相继枯死而脱落,只留下顶部少数绿叶。茎部病斑多发生在分枝处及叶柄基部,呈灰褐色,椭圆形,稍凹陷,表面有或没有同心轮纹,严重时造成断枝。花器上往往从花萼附近开始出现病斑,使花腐烂变黑。果实上病斑多发生在蒂部附近和有裂缝的地方,呈圆形或近圆形,褐色或黑褐色,稍凹陷,也有同心轮纹,其上长有黑色霉。病果常提早脱落。

该病是由茄链格孢子引起,其附着在病株残体,在土壤里越冬,或以分生孢子在种子上越冬,通过气流及雨水传播。病菌一般从植株气孔或伤口侵入,也能从植株表面直接侵入。高温高湿有利于发病。田间气温 15℃,空气相对湿度 80% 以上开始发病,气温 20℃～25℃,多雾或连阴雨天,病情发展迅速。大棚、温室内灌水后,通风不及时,容易发病。此外,植株生长势弱,田间排水不良,也容易发病。

【防治措施】 ①实行轮作和清洁田园。重病棚室实行与非茄科作物 3～4 年轮作。番茄拉秧后,要及时清除田间残余植株、落花、落果,结合翻耕地,搞好田园卫生。②种子处理。播种前,种子用 52℃～55℃温水浸种 30 分钟,冷却后催芽播种;或先用清水浸种 3～4 小时后,放入 1% 硫酸铜液中浸 10 分钟,取出后移至石灰水中浸一下洗净,催芽后播种。播种选用无病培养土育苗,加强温湿度管理,及时分苗,培育壮苗。

③加强栽培管理。避免连作，实行 2～3 年轮作；苗床要注意保温通气，及时喷药，带药定植；做畦不宜过长，栽植不宜过密，增施磷肥、钾肥，注意田间排水，清除田间病株残体。④药剂防治。对于大棚番茄，可在定植前进行熏蒸消毒，每立方米用硫黄粉 6.7 克混入锯末 13.5 克，分装后用烧红但没有火焰的煤球点燃，密闭熏蒸一夜。生长期可用 46％百菌清烟剂，每 667 平方米棚（室）250 克在傍晚熏蒸消毒。发病初期可用 50％异菌脲可湿性粉剂 1 000 倍液，或 75％百菌清可湿性粉剂 800 倍液，或 23％甲霜灵可湿性粉剂 700～1 000 倍液，或 50％多菌灵可湿性粉剂 600～800 倍液，每隔 10～15 天喷 1 次，每种药剂在番茄整个生育期限用 1 次，共喷药 2～3 次。为了提高药效，可在以上药液中加入少量的洗衣粉或豆浆等增加黏着力，延长残效期。

4. 晚 疫 病

【症状与发病规律】 又叫番茄疫病。茎、叶、果均受害，但以叶和青果受害严重。幼苗期发病，叶片出现暗绿色水渍状病斑，叶柄处出现黑褐色腐烂，空气湿度大，病斑边缘形成白色霉层，病斑扩大后，叶片逐渐枯死。成株期发病，叶尖或边缘初现不规则暗绿色水渍状病斑，后变褐色，潮湿时病斑背面边缘和健康组织交界处有白色霉。茎和叶柄病斑呈水渍状，褐色凹陷，最后变黑褐色腐烂，引起植株萎蔫。果实病斑形成不规则形云纹，初为暗绿色油渍状，后变褐色，边缘明显，微凹陷。发病果实坚硬，不变软。

该病由疫霉菌侵染引起。病菌以菌丝体在马铃薯块茎和棚室番茄植株上越冬，或以厚垣孢子在病株残体里越冬，成为次年初侵染源。初染病株产生孢子囊，借风雨传播，由植株气孔或表皮直接侵入,扩大再侵染。低温、阴雨、湿度高、露水大、早晨和夜晚多雾的情况下病害蔓延快。此外,氮肥用量、栽培密度过大,温室、大棚通风不良等容易发病。

【防治措施】 ①加强棚室管理。注意通风换气,降低棚室内湿度;育苗棚室与生产棚室分开,严格保证育苗棚室不发病;减少人为传播病菌的机会。②药剂防治。定植前喷施40%三乙膦酸铝可湿性粉剂 300 倍液,定植后喷施 1∶1∶150～200 的波尔多液或无毒高脂膜 200 倍液预防。田间发现中心病株后,用 58%甲霜灵锰锌可湿性粉剂 300 倍液,或甲霜铜可湿性粉剂 800 倍液,或 70%代森锰锌可湿性粉剂,或 64%噁霜灵 M8 可湿性粉剂 400～500 倍液,或 58%甲霜灵锰锌可湿性粉剂 600～800 倍液防治。喷药时,除做好苗床喷药和带药定植外,大田番茄封垄后要坚持定期喷药,每 7～10 天 1 次。抓紧雨前喷药,喷后遇雨及时补喷,喷药要细致周到,特别要注意中、下部的叶片和果实,不要漏喷。

5. 溃疡病

【症状与发病规律】 幼苗和成株期均可发生。幼苗染病始于叶缘,由下部向上逐渐萎蔫,有的在胚轴或叶柄处产生溃疡状凹陷条斑,病株矮化或枯死。成株染病,病菌在韧皮部及髓部迅速扩展。下部叶片凋萎或卷缩,似缺水状,后叶部边缘及叶脉间变黄,叶片变褐枯死,但不脱落。茎出现褐色狭长条斑,最后下陷,开裂成溃疡斑。多雨或湿度大时菌脓溢出,形成白色污状物,后期茎内变褐、中空,枯死。果柄受害多由茎扩展,并伸延到果内,致使幼果皱缩、畸形。果面可见略隆起的白色圆点。

溃疡病由密执安棒杆菌引起,是一种毁灭性细菌病害。

病菌在种子内、外及病残体上越冬,并可随病残体在土壤中存活2～3年。由伤口侵入,也可从植株茎部或花柄处侵入,经维管束进入果实的胚,侵染种子脐部或种皮,致使种子内带菌。当病健果混合采收时,病菌会污染种子,造成种子外带菌。此外,病菌也可从叶片毛状体及幼嫩果实表皮直接侵入。病菌借助雨水、灌溉水、农事操作等传播蔓延。温暖潮湿,结露持续时间长发病重。

【防治措施】 ①种子消毒。将番茄种子于70℃干热灭菌72小时,或用55℃温水浸种30分钟,或5%盐酸浸种5～10小时,或1.05%次氯酸钠溶液浸种20～40分钟,或硫酸链霉素200毫克/升浸种2小时后催芽。②苗床消毒。最好使用新苗床或采用营养钵育苗。如用旧苗床,可用40%福尔马林1000～1500倍液消毒,用塑料薄膜密封5天,揭膜后2周播种。③轮作。与非茄科作物实行3年以上轮作,及时除草,避免带露水操作。④药剂防治。发现病株及时拔除,并喷洒14%络氨铜水剂300倍液,或77%可杀得(氢氧化铜)可湿性微粒粉剂500倍液,或1:1:200的波尔多液,或50%琥胶肥酸铜可湿性粉剂500倍液,或硫酸链霉素及72%农用硫酸链霉素可溶性粉剂4000倍液。每7～10天喷1次,不同药剂可交替使用。

6. 根结线虫病

【症状与发病规律】 主要发生在须根或侧根上,以侧根为主,染病后产生大小不等的瘤状根结,小的直径1毫米,大的10毫米左右。发病严重时,整个根系都充满大大小小的根结,解剖根结,病部组织里有许多细小的乳白色线虫,后期随着植株的凋萎,地下根结变为腐空状。植株地上部分因发病的轻重不同而异,轻病株症状不明显,重病株生长不良,中下部叶片逐渐黄枯,果实膨大缓慢,中上部叶片中午失水萎蔫,早晚恢复,植株矮小,结实少,由于根结的形成阻断了植株对水分和养分的正常运输与吸收,因此,植株逐渐枯死。由于根结线虫危害症状与病害相似,所以通常将其归为病害。

该病由南方根结线虫侵染所致。病原线虫雌雄异形,幼虫呈细长蠕虫状,雄成虫线状,尾端稍圆,无色透明;雌成虫梨形,每头雌线虫可产卵 300～800 粒,雌虫多藏于寄主组织内。南方根结线虫多在土壤表层 5～30 厘米处活动,其生存最适温度 20℃～30℃,55℃经 10 分钟可致死。根结线虫以 2 龄幼虫或卵随病残体在土中越冬,一般可存活 1～3 年。番茄根结线虫的初侵染源主要传播途径有 3 个:一是带线虫的土壤及病残体,二是带病肥、水、农具等,三是带病种苗、病苗。其中带病种苗、病苗是根结线虫病传播的重要途径,与定植后生产棚室发病密切相关。在条件适宜时,2 龄幼虫接触番茄根部后从根尖部侵入,定居在根块生长锥内,取食、生长发育,并能分泌出刺激性物质,使植株根部细胞剧烈增生形成根结。

【防治措施】 ①轮作换茬。对于已种植多年,且根结线虫病较重的田块与抗耐线虫病的作物如与韭菜、葱、蒜等轮作,以防止或降低土壤中的线虫量,减轻对番茄的危害。②严把育苗关。带病土壤、粪肥、农事操作是线虫的重要传播途径。因此,换茬后应从源头上抓起,严把下种、育苗关。一是坚决杜绝施用带病土壤沤制的有机肥;二是严禁带病苗进入棚内;三是在病区作业后的开沟机,坚持清刷干净,方可换地(田)开沟,切断线虫通过农事操作的传播途径。③清洁田园,大水漫灌。确实无法轮作换茬的轻病田,在番茄拉秧收割完以后,要彻底清除病残体、田间杂草及带病植株,带出棚外进行销毁,减少翌年重复侵染危害的机会。利用大棚空闲期,大水漫灌,使土壤呈水分饱和状态并保持20天以上,可有效地杀灭残存在土壤中的线虫。④温棚土壤高温消毒。在6～8月份的盛夏,温棚蔬菜作物换茬期间,清除作物残株及杂草,耕翻耙平后做畦灌水,覆盖地膜或旧农膜,膜四周压实,然后密闭温棚,使棚温升至 $50℃～60℃$,20厘米深地温达到 $45℃$ 以上,持续15～20天,可杀死大部分根结线虫。此外每667平方米用碎稻草或碎麦秸 500～1 000 千克和生石灰100～200千克均匀施入病田,然后灌水、覆膜、闭棚升温,对根结线虫的杀灭效果较好,同时对土壤中的真菌、细菌及杂草种子亦有较好的杀灭作用。⑤生物药剂防治。用厚孢子轮枝菌粉粒剂每667平方米1.5～2千克,或 淡紫拟青霉每667平方米1.5～2千克,撒于垡头,然后耙平,药物和土壤掺均匀后做垄;将 2/3 的药剂量撒于垡头,1/3 的药剂量定植时施于定植穴,可有效控制根结线虫的危害。番茄生长期间发现感病,可用 1.8%阿维菌素乳油 3 000～5 000 倍液灌根,每株灌 100～200毫升,间隔10～15天1次,连灌2～3次。1.8%阿维菌素乳油(也称虫螨立克)为抗生素类广谱杀虫、杀螨剂,低毒,持效期2个月。生长期预防可用 1 000～1 500 倍液灌根,每株灌药液 250毫升,对根结线虫防效可达 75%～85%,为避免持效期过后虫口再度回升,在生长期内,应在发现病株后再用 1.8%阿维菌素乳油灌根1次。⑥药剂防治。常用的药剂有 10%噻唑膦颗粒 2～3 千克,或 5%丁硫克百威颗粒剂 3千克,或 10%灭线磷颗粒剂 1.67 千克,或 10%硫线磷颗粒剂3千克,或 50%棉隆可湿性粉剂 5 千克,或 10%苯线磷颗粒剂 5 千克,以上皆为每667平方米用量。操作方法是:将药物与细干土拌匀,均匀撒于地表或畦面,再翻入 15～20 厘米耕层,也可均匀撒在沟内或定植穴内,再浅覆土。施药后当日即可播种或定植,防效可达75%～90%。也可在根际撒施10%苯线磷颗粒剂2～3克/株。不论采用哪种方法,用药后均要力求所栽苗、所施粪肥及浇水、所用农具不带线虫,防止前门拒虎、后门进狼。

7. 枯萎病

【症状与发病规律】 又称萎蔫病、萎凋病和黄萎病。是一种维管束病害,仅在番茄上发生。初发病时,叶片发黄,继而变褐色,干枯,但不脱落。先从下部叶片开始发黄枯死,逐渐向上蔓延。有时植株茎一侧叶片发黄,一侧叶片正常。严重时全株枯死。天气潮湿时,病株茎基部产生粉红色孢子堆,茎维管束变成褐色。拔出植株可见根部变褐干枯。

该病由番茄尖镰孢菌侵染引起。病菌以菌丝体或厚垣孢子随病残体在土壤中越冬,也可潜伏在种子上越冬。病菌随雨水或灌溉水传播,经伤口侵入。在21℃～28℃温度范围内,高湿环境容易发病。土壤黏重,也易诱发该病害。

【防治措施】 ①种子消毒。用55℃热水温烫浸种30分钟后,催芽播种;或用0.3%～0.5%的50%克菌丹拌种。②轮作。与其他非茄科作物实行3年以上的轮作。③药剂防治。发病初期,用50%多菌灵可湿性粉剂500～600倍液,或50%甲基托布津可湿性粉剂700～1 000倍液,或10%双效灵Ⅱ水剂200～300倍液灌根,每株0.25千克,10天1次,连续灌根2～3次。

8. 白粉病

番茄白粉病是一种专性寄生真菌性病害,20世纪80年代在欧洲首次发现该病。近年,在我国各地都有不同程度发生。栽培品种对其具有很强的易感性。20世纪90年代在欧洲大暴发,造成巨大的经济损失,在我国,发病有逐年加重趋势,一般年份发病在15%～20%,严重地块达80%～100%。

【症状与发病规律】 主要危害番茄叶片,叶柄、茎秆和幼果也可受害。发病初期在叶面出现褪绿小点,后扩大为不规则形病斑,表面着生白色粉状物,是病原菌的菌丝、分生孢子梗及分生孢子,早期稀疏,后期逐渐加厚。菌丝分布于表皮,不穿透叶肉组织。叶柄、茎、果实染病时,发病部位也产生白粉状病斑。

病原菌是番茄粉孢属菌。一般以闭囊壳在土表病残体上越冬,翌年条件适宜时,闭囊壳散出的子囊孢子靠气流传播蔓延;或以菌丝体在设施(温室或塑料大棚)被侵染番茄植株上越冬。常年种植番茄的地方,病菌无明显越冬现象。番茄白粉病发病温度为15℃～30℃,最适温度为25℃～28℃。

【防治措施】 ①加强栽培管理。培育壮秧,提高抗病性,注意铲除田间杂草。合理密植,增施腐熟农家肥,棚室注意温湿调控与肥水管理,改善通透性等。②轮作。与其他非茄科作物,最好与葱蒜等蔬菜实行3年以上的轮作。③及早发现病株,及时摘除病叶,深埋或烧毁。收获后彻底清除病残体,减少菌源,深翻土壤。④药剂防治。发病初期及时进行药剂防治,可用20%三唑酮2 000倍液,或50%多菌灵可湿性粉剂600～800倍液,或6%氯苯嘧啶醇可湿性粉剂1 000倍液,或2%抗霉菌素水剂200倍液,或12.5%烯唑醇可湿性粉剂2 500倍液,或40%氟硅唑乳油8 000倍液,或15%三唑酮可湿性粉剂1 000倍液,每7～10天喷1次,连续防治2～3次。以上药剂可交替选用,以防病菌产生抗药性。大棚番茄也可采用粉尘法或烟雾法防治,如 10%多百粉尘剂 1.5 克/平方米·次,或 45%百菌清烟剂 0.375 克/平方米·次,暗火点燃熏一夜,使用 1～2 次,即可达到良好的防治效果。

9. 病毒病

番茄病毒病,常见有花叶型、蕨叶型和条斑型 3 种。其中以花叶型发病率最高,蕨叶型次之,条斑型较少。

【症状与发病规律】 症状有花叶型、蕨叶型和条斑型 3 种:①花叶型。田间症状有轻花叶和重花叶 2 种。轻花叶病毒病在叶片上表现轻微花叶或微量斑纹症状,植株不矮化,叶变小或不变小,不变形,对产量影响不大。重花叶病毒病表现上部叶片有明显的花叶症状,新生叶变小、细长狭窄、扭曲畸形,叶片凹凸不平,叶脉变紧;下部叶片多卷曲,植株矮化,茎顶叶片生长停滞;病株花芽分化能力减退,并大量落花、落蕾,底层坐果,果小质劣,多呈花脸状,对番茄的产量和质量影响都很大。②蕨叶型。病株上部叶片细小,呈蕨叶状,茎顶叶细长,叶肉组织退化,甚至不长叶肉,仅剩中下肋,有时呈螺旋形下卷;中部叶片微卷,主脉稍扭曲;下部叶片向上卷,严重时卷成管状;全部侧枝都生蕨叶状小叶,上部复叶节短缩,呈丛枝状。③条斑型。在植株的茎秆、叶片以及果实上都可表现症状。发病后在茎秆的上部出现暗绿色下陷的短条纹,后变为深褐色下陷的油浸状坏死条斑,并逐渐向下蔓延,导致病株黄萎枯死;叶片染病呈现正常绿色与浅绿相间的花叶状,叶脉上产生黑褐色油浸状坏死斑,后顺叶柄蔓延至茎秆,在茎秆上形成条状病斑;果实上产生不规则形褐色下陷的油浸状坏死斑,后期变为枯斑,病果畸形,不能食用。

番茄花叶病和条斑病均由烟草花叶病毒侵染所致;蕨叶

病由黄瓜花叶病毒侵染引起。烟草花叶病毒通过病株残体和在越冬寄主上越冬,也可潜伏在种子上,翌年成为初侵染病源。黄瓜花叶病毒主要在多年生宿根植物或杂草上越冬,由蚜虫迁飞和汁液接触传染。

番茄病毒病的发病与气候条件关系密切。高温干旱,蚜虫数量大,迁飞早;土壤贫瘠或氮肥过多;地势低洼,排水不良,均有利于番茄病毒病的发生。附近有留种过冬的叶菜、芹菜或马铃薯等作物以及桃园的,发病严重。不同类型栽培以夏秋季露地和大棚栽培发病最重。

【防治措施】 ①种子消毒。将充分干燥的种子放入72℃的恒温箱处理 12 小时;或将种子用清水预浸 3～4 小时后,用 10％磷酸三钠浸 30 分钟;或用 0.1％高锰酸钾浸种 30 分钟。②加强栽培管理。定植田与非茄科作物实行 3 年以上的轮作,施足有机肥,深翻整地,促使带病菌残体腐烂分解。适时播种,加强苗期管理,培育壮苗,春番茄适时早定植,以促进秧苗早封垄。定植缓苗后,合墒中耕锄草培土,促进根系发育。第一穗果膨大期及时追肥灌水,促进秧果并旺。高温干旱季节要勤灌水,改善田间小气候。在番茄分苗、定植、绑蔓、整枝打杈等田间操作时可喷 1:10～20 的黄豆粉或皂角粉水溶液,对钝化烟草花叶病毒效果明显。发病初期用 1％过磷酸钙、硝酸钾或磷酸二氢钾 500 倍液进行叶面喷施,每隔 7 天喷 1 次,连续喷 2 次,可调节植株体内营养,增强抗病力,对防治花叶病效果尤为明显。③避蚜。大棚番茄适时早播种,覆盖塑料薄膜或地膜,提早定植,提早采收;利用银灰色薄膜挂条或纱网、遮阳网等防蚜措施都可减轻发病。④药剂防治。发病初期喷施高锰酸钾 1 000 倍液,或 α-萘乙酸 20 毫克/升,或增产灵可湿性粉剂 50～100 克/升,可调节植株生长,增强抗性,有控制病害发展的作用。用 1.5%植病灵乳油 800～1 200 倍液,于苗期、定植前和开花初期共喷 3 次,每隔 10～15天 1 次,对番茄花叶病毒、条斑病毒以及蕨叶病毒均有明显防治效果;也可用 40%乐果乳油 1 000～1 500 倍液,或 10%氯氰菊酯乳油 2 500～4 000 倍液,或 50%抗蚜威可湿性粉剂每 667 平方米使用 10～30 克,通过防治病毒病传播媒介蚜虫而达到控制病毒病的效果。⑤接种弱毒疫苗。用弱毒疫苗 TMV-N$_{14}$及卫星病毒 CMV-S$_{52}$疫苗 1∶1 混合液,再稀释 100倍,加少许 500 号金刚砂,用喷枪于幼苗 5～6 片期喷药,或用耐病毒诱导剂 N$_{83}$ 50 倍液,于定植前后各喷施 1 次,能诱导番茄耐病。

10. 白绢病

又称霉苑,菜籽病。在华中、华南地区危害严重。除侵染番茄外,还侵染辣椒、茄子、马铃薯、南瓜、菜豆等蔬菜。

【症状与发病规律】 多在植株基部近地表处发病,形成暗褐色病斑,扩大后凹陷,并长出白色绢丝状菌丝体,病斑由基部向上扩展。土壤潮湿时,菌丝体会扩展到根部周围的地表,并散生褐色圆球形菌核,如菜籽大小。受害植株茎基部和根部皮层腐烂,引起全株萎蔫和枯死。

该病由白绢薄膜革菌引起。以菌核在土壤里或以菌丝体在病残体里越冬。翌年,菌核萌发菌丝,从寄主根部、茎部的伤口或表皮直接侵入。经雨水、灌溉水和农事操作等传播蔓延。在土壤酸性,高温高湿,通风不良的条件下,病害容易流行。

【防治措施】 ①深耕与轮作。番茄拉秧后及时清洁田园,深翻土壤,使感染病菌的残枝埋于土壤深层,可杀死病原菌。此外,与非茄科作物实行 3 年以上的轮作,尤其与水田轮作,可有效抑制和杀死土壤中的病菌。②药剂防治。发病初期,在病株四周地面喷 35％甲基托布津悬浮剂 500 倍液,或 50％代森铵水剂 800～1 000 倍液,或 20％三唑酮乳油 2 000 倍液,或 50％混杀硫(有效成分为甲基硫菌灵和硫黄)悬浮剂 500 倍液,每 7 天喷 1 次,连喷 2～3 次。

11. 青 枯 病

又称细菌性萎蔫病。是我国南方诸省流行日益严重的重要病害,近年来北方也时有发生。除番茄外,还可危害茄子、辣椒、马铃薯、菜豆等。

【症状与发病规律】　苗期通常不表现症状。番茄坐果初期开始发病。首先是顶部叶片萎蔫下垂,随后下部叶片出现萎蔫,中部叶片萎蔫最迟。病株起初白天中午萎蔫明显,晚间则恢复正常。此时,若土壤干燥,气温偏高,经 2～3 天便会全株凋萎,直至枯死;若气温较低,连阴雨天或土壤含水量较高时,病株可维持约 1 周才枯死。植株死后仍保持青绿。病株茎基部表皮粗糙,常产生大量长短不一的根。天气潮湿时,病茎上可出现由水渍状后变褐色的 1～2 厘米斑块。横切新鲜病茎,可见维管束已变褐色,轻轻挤压有白色黏液渗出。这是细菌性青枯病的重要特征,根据这一特征可将青枯病与真菌性枯萎病相区别。

该病由青枯假单胞杆菌侵染引起。病菌主要随着病株残体遗留在土壤中越冬,并能在土壤中营腐生生活 1～6 年。越冬后的病菌通过番茄根或茎基部伤口侵入,先在维管束的导管内繁殖,并沿导管向上蔓延,致使导管堵塞。病菌还能穿过导管侵入邻近薄壁组织的细胞间隙,使之变褐腐烂,整个输导器官也因此被破坏而失去功能,最终导致茎叶由于得不到水分的供应而萎蔫枯死。病菌田间传病主要通过雨水和灌溉水,人畜、农具、带菌土壤、昆虫和线虫等也能传病,引起重复侵染蔓延。病菌活动的最适温度为 27℃～32℃,连续阴雨后暴晒,气温骤升时容易发病。土壤高温高湿时发病严重。连作、地势低洼排水不良、土壤缺钾或氮肥施用过多、植株生长衰弱、后期中耕造成伤根等,都可促进青枯病的发展。

【防治措施】 ①土壤处理。用无病培养土育苗,旧苗床要更换新土或用 1∶50 的福尔马林液喷洒床土;结合整地,每 667 平方米撒施熟石灰 50～100 千克,使土壤呈微碱性,以减少发病。②实行轮栽间作。可与瓜、葱、蒜、芹菜、水稻、小麦等实行 3～5 年轮作。番茄与水稻轮作,可减少青枯病危害,还可减少杂草和虫害发生,增加水稻产量。豆科的根瘤菌对青枯病菌有"溶菌现象",因此,番茄和豆科作物轮作,也可减少番茄青枯病。番茄还适于在初植的甘蔗田间作,也可与甘蔗套种。③加强栽培管理。春番茄早育苗、早移栽定植,使发病盛期避开高温季节,可减轻受害。采用高垄栽培,适当控制灌水,切忌大水漫灌。高温季节,肥料要充分腐熟,生长期要适当增加磷、钾肥,也可用每千克含硼 10 毫克的硼酸液做根外追肥,以促进植物维管束的生长,提高植株抗病力。早中耕,前期中耕要深,后期要浅,防止伤根,注意保护根系。④药剂防治。田间发现病株,应立即拔除,并向病穴浇灌 2％福尔马林溶液或 20％石灰水消毒,或灌注 100～200 毫克/千克的农用链霉素,或 0.1％铜氨合剂,或新植霉素可湿性粉剂 4 000 倍液,每株灌注 0.25～0.5 千克,每隔 10～15 天灌 1 次,连灌 2～3 次。也可在发病前开始喷 25％琥珀酸铜(DT)或 70％琥•乙膦铝(DMT)可湿性粉剂 500～600 倍液,7～10 天喷 1

次,连续喷 3~4 次。

12. 细菌性斑点病

番茄细菌性斑点病是一种世界性病害。自 1933 年首次发现以来,在南非、印度、澳大利亚、新西兰、法国、意大利、英国、巴西、美国、以色列、加拿大等国家都有发生。近几年在我国的北方有日渐严重的趋势,1998~2001 年吉林、辽宁、山西等省,2002 年内蒙古自治区,2004 年天津市均有该病发生。新疆维吾尔自治区也有该病发生的报道,其余一些北方省份山区也有零星发生。该病常年发生率 5%~75%,一般减产10%~30%,严重的可达 50%以上。

【症状与发病规律】 主要危害叶片,也危害茎、果实和果柄,苗期和成株期均可染病。叶片染病,由下部老熟叶片先发病,再向植株上部蔓延,发病初始产生水渍状小圆点斑,扩大后病斑暗褐色,圆形或近圆形,将病叶对光透视时可见病斑周缘具黄色晕圈,发病中后期病斑变为褐色或黑色,如病斑发生在叶脉上,可沿叶脉连续串生多个病斑,叶片因病致畸。茎染病初始产生水渍状小点,扩大后病斑暗绿色,圆形至椭圆形,病斑边缘稍隆起,呈疮痂状。果实和果柄染病,初始产生水渍状小斑点,稍大后病斑呈褐色,圆形至椭圆形,逐渐扩大后病斑转成黑色,中央形成木栓化疮痂。苗期染病,主要发生在叶片上,产生圆形或近圆形暗褐色斑,周缘具黄色晕圈。

该病病原为丁香假单胞菌番茄致病变种。其主要以带病种子越冬,这是向新菜区传播的主要途径,播种带菌的种子,幼苗期即可染病。此外,病菌也可随病株残余组织遗留在田间越冬,在干燥的残余组织内可长期存活,成为翌年初侵染源。田间发病后,病菌通过雨水反溅、雨露或保护地棚内浇水等传染途径,在植株表面具有水滴或水膜的条件下,从植株气孔或伤口侵入,在寄主的薄壁组织细胞间隙繁殖蔓延,破坏寄主细胞并进入细胞内,在田间进行多次重复再侵染,加重危害。

　　病菌喜温暖潮湿的环境,适宜发病的温度范围 18℃～28℃,最适发病环境为温度 20℃～25℃,空气相对湿度 90%以上,最易感病生育期为育苗末期至定植坐果前后。发病潜育期 7～15 天。15℃以下、30℃以上基本不发病,病菌生长发育最适温度 27℃～30℃。主要发病盛期在春季 3～5 月份。发病的年份多为早春温度偏高、多雨,保护地地势低洼、排水不良,灌水使用河道污水、关棚时间过长等因素造成。适宜发病的栽培条件为 20℃～25℃的温度;植株表面有水滴或呈湿润状态,是导致发病的重要条件。另外向阳面的果实易感病,特别是日灼受伤的果实容易感病;棚边缘的植株因易受强风雨造成伤口而发病重。管理粗放,浇水多,排水不良,雨后积水,肥料不足或偏施氮肥,均会加重病害发生。

　　【防治措施】　①选种。从无病留种株上采收种子,选用无病种子。②种子处理。用 55℃温水浸种 30 分钟,或用 0.6%醋酸溶液浸种 24 小时,或用 5%盐酸浸种 5～10 小时,或用 1.05%次氯酸钠溶液浸种 20～40 分钟。浸种后用清水冲洗掉药液,稍晾干后再催芽。③轮作。重发病田块提倡与非茄科作物实行 2～3 年轮作,以减少田间病菌来源。④加强田间管理。开好排水沟系以降低地下水位,合理密植,适时开棚通风换气,降低棚内湿度,增施磷、钾肥,提高植株抗病性,灌水要用清洁的水源。⑤清理田园。发病初期及时整枝打杈,摘除病叶、老叶,收获后清理田园,清除病残体,并带出田外深埋或烧毁。深翻土壤,保护地灌水闷棚,高温高湿可促进残余组织的分解和腐烂,降低病原菌的存活率,减少再侵染菌源。⑥化学防治。在发病初期开始喷药,每隔 7～10 天喷药 1 次,连喷 2～3 次。药剂可选 47％春雷霉素可湿性粉剂 600～800 倍液(每 667 平方米用药量 125～165 克),或 72.2％霜霉威水溶性液剂 700 倍液(每 667 平方米用药量 130 克),或 30％琥珀酸铜可湿性粉剂 600 倍液(每 667 平方米用药量 165 克),或 77％氢氧化铜可湿性粉剂 700 倍液(每 667 平方米用药量 130 克)等。

(三)主要虫害的防治

番茄的主要虫害有:蚜虫、棉铃虫、斑潜蝇、白粉虱、茶黄螨和地老虎等。

1. 蚜 虫

为害番茄的蚜虫以桃蚜为最常见。此外,还有菜缢管蚜、棉蚜、甘蓝蚜、豆蚜等。蚜虫又称腻虫、虮子、蜜虫等。

【形态特征】 有翅雌蚜体长 1.6～2.2 毫米,头部及胸部均呈黑色,腹部深绿色,触角第三节上有 6～7 个排成一列的感觉孔。无翅雌蚜体约 2 毫米,体绿色,有时为黄色至紫红色,触角第三节无感觉孔。

桃蚜分有翅蚜与无翅蚜。繁殖方式有孤雌生殖与有性生殖。繁殖力强,发育快,1 年内可繁殖十余代至几十代,在加温温室及我国南方可终年孤雌生殖,连续繁殖。

【为害特点】 桃蚜一般以卵在桃、杏等树的芽腋和枝条基部越冬,翌年春季 3～5 月份繁殖几代后再产生有翅桃蚜,与少量的菜缢管蚜、甘蓝蚜和棉蚜等先后飞迁番茄菜田,混合为害。番茄受害后,叶片上出现褪色的斑点,变黄、卷曲,植株矮小。桃蚜能传播病毒病,造成严重减产。

【防治方法】 ①银灰薄膜避蚜。采用 15 厘米宽的银灰色塑料薄膜条,挂在苗床四周或间隔挂在番茄植株上,每条间隔 40～50 厘米,对桃蚜等蚜虫有很好的驱避作用。②药剂防治。40%乐果乳油 1 500～2 000 倍液,或 50%抗蚜威可湿性粉剂 2 000～3 000 倍液,或 2.5%溴氰菊酯乳油 3 000 倍液,或 70%灭蚜松可湿性粉剂 2 000 倍液(残效期较长),或 50%马拉硫磷乳油 1 500～2 000 倍液,或 20%氰戊菊酯乳油 2 000～3 000 倍液,每 7 天喷 1 次,不同药剂交替使用。温室、大棚可用 22%敌敌畏烟剂,每 667 平方米 0.5 千克,于傍晚密封棚室后熏烟。

2. 棉铃虫

又称番茄蛀虫、钻心虫,是影响番茄生产的重要害虫,也可为害辣椒、茄子、豆类和大白菜等。

【形态特征】 成虫体长 15～17 毫米,翅展 27～38 毫米,灰褐色。雌蛾红褐色,雄蛾灰绿色,前翅长度等于体长,中线由肾形纹下斜伸到翅后缘,靠外缘有一明显暗褐色宽带,向后斜伸,边缘锯齿状,较均匀。后翅灰白色。卵长约 0.5 毫米,半球形,乳白色,具纵横网格。老熟幼虫体长 30～42 毫米,体色变化很大,由淡绿、淡红、红褐至黑紫色,常见为绿色型及红褐色型。头部黄褐色,背线、亚背线和气门上线呈深色纵线,气门白色,腹足趾钩为双序中带。2 根前胸侧毛连线与前胸气门下端相切或相交。体表布满小刺,其底座较大。蛹长 17～21 毫米,黄褐色。腹部第五至第七节的背面和腹面有 7～8 排半圆形刻点,臀棘钩刺 2 根。

【为害特点】　1～2龄幼虫为害番茄幼叶和嫩茎,造成番茄茎中空折断。稍大后蛀果为害,蛀果是其为害的主要形式。从番茄青果近果柄处,钻入果肉,在果内蛀食,引起果实腐烂,造成大量落果。

在我国各地1年发生1～7代。以蛹在土中越冬。翌年春季在气温达15℃以上开始羽化,成虫于夜间交尾产卵,95%的卵散产于番茄植株的顶尖至第四层复叶的嫩梢、嫩叶、果萼及茎基上,每雌产卵100～200粒。卵发育历期15℃为6～14天;20℃为5～9天;25℃为4天;30℃为2天。初孵幼虫仅能啃食嫩叶尖及花蕾成凹点,一般在3龄开始蛀果,4～5龄转果蛀食频繁,6龄时相对减弱。早期幼虫喜食青果,近老熟时则喜食成熟果及嫩叶。一头幼虫可为害3～5个果,最多为8个果,果数随番茄青果密度及降水量而变化。老熟幼虫在3～9厘米表土层筑土室化蛹,预蛹期约3天。棉铃虫属喜温喜湿性害虫,高温多雨有利于该病发生。成虫有假死性。

【防治方法】　①农业防治。虫害严重的田块及早深耕暴晒,消灭入土的越冬蛹。棉铃虫95%的卵产于番茄的顶尖至第四层复叶之间,因此,结合整枝,及时打顶和打杈,可有效地减少卵量,同时要注意及时摘除虫果,以压低虫口。适时去除番茄植株下部的老叶,既不会影响产量,又可改善通风状况,预防和减轻病虫害的发生与流行。②诱杀成虫。每667平方米插杨树枝10把左右,傍晚插入田间,清晨收回,诱杀成虫。也可用黑光灯诱蛾。③人工捕捉。每100株有3龄以上幼虫5～10头时,可于清晨或午后进行人工捕捉。如虫龄过小或数量过大,不易捉净时,应使用药剂防治,以免延误时机,造成损失。此外,在产卵盛期,应进行人工掐杀虫卵。每3天掐1次卵,共进行2～3次。④生物防治。在产卵始期、盛期和末期,每隔 3～5 天释放 1 次赤眼蜂,连放 3～4 次,每次每 667 平方米放 1 万～2 万头。在产卵高峰期和幼虫孵化盛期各喷 1 次 72-16 菌液,浓度为工业菌粉稀释 100 倍,效果较好。也可将每毫升含活孢子 100 亿个左右的杀螟菌粉稀释成 300～600 倍液,或含活孢子 42 亿个以上的青虫菌粉稀释成 400～500 倍液,或每毫升含 100 亿个孢子的 Bt 乳剂稀释成 200 倍液,田间喷洒,对 3 龄幼虫防治效果较好。还可用棉铃虫核多角体病毒（NPV）制剂,每 667 平方米 40 克,杀虫效果也在 80% 以上,如与其他农药混用(如加 1 毫升 2.5% 溴氰菊酯乳油或 50% 辛硫磷乳油)效果更好。⑤药剂防治。可选用 0.5% 甲敌粉(有效成分为甲基对硫磷和敌百虫),或 50% 辛硫磷乳油 1 500 倍液,或 20% 杀灭菊酯 2 000 倍液,或 20% 除虫脲胶悬剂 75 克加水 50 升于成虫产卵盛期喷药,每 5～7 天 1 次,连喷 3～4 次。喷药应着重于植株上部幼嫩部分。5% 氟啶脲属昆虫几丁质合成抑制剂,对棉铃虫具有专一毒性,且对其天敌及环境安全,稀释 1 000 倍于产卵盛期喷施,7～10 天后防效在 90% 以上,一般年份使用 1 次即可控制为害。

3. 斑潜蝇

又称夹叶虫、叶蛆、豌豆潜叶蝇、美甜瓜斑潜蝇及苜蓿斑潜蝇。

【形态特征】 成虫小,体长 1.3～2.3 毫米,浅灰黑色,胸背板亮黑色,体腹面黄色,翅展 5～7 毫米,雌虫体比雄虫大。卵米色,半透明。幼虫蛆状,初无色,后变为浅橙黄色至橙黄色,长 3 毫米,后气门突呈圆锥状突起,顶端三分叉。蛹椭圆形,橙黄色,腹面稍扁平。

【为害特点】 成、幼虫均可为害,雌成虫飞翔时将植株叶片刺伤,进行取食和产卵;幼虫潜入叶片和叶柄为害,产生不规则蛇形白色虫道,叶绿素被破坏,影响光合作用,受害重的叶片脱落,造成花芽、果实被伤,严重的造成毁苗。

在我国南方周年发生,无越冬现象。在北方以蛹或成虫越冬。雌虫将卵产在叶背面边缘的叶肉上,卵经 5～11 天孵化,幼虫期 5～14 天,末龄幼虫咬破叶表皮在叶外或土表下化蛹,蛹经 5～16 天羽化为成虫。成虫白天活动,吸食花蜜,对甜液有较强的趋性。

【防治方法】 ①严格检疫。北运菜发现有斑潜蝇幼虫、卵或蛹时,要就地销售,防止虫害扩大蔓延。②农业防治。茄果类、瓜类、豆类与其不为害的作物进行轮作。适当疏植,增加田间通透性。及时清洁田园,将被斑潜蝇为害作物的残体集中深埋、沤肥或烧毁。③药剂防治。始见幼虫潜蛀的隧道时为第一次用药适期。可用 40％乐果乳油、80％敌敌畏乳油1 000～1 500 倍液,或 98％巴丹原粉 1 500～2 000 倍液,或1.8％阿维菌素乳油 3 000～4 000 倍液,或 48％毒死蜱乳油800～1 000 倍液,或 25％杀虫双水剂 500 倍液,或 50％蝇蛆净(环丙氨嗪)粉剂 2 000 倍液喷雾。

4. 白粉虱

又名白蛾子。食性杂。主要为害温室、大棚茄果类、瓜类、豆类等蔬菜。

【形态特征】 成虫体长 1～1.5 毫米,淡黄色。翅面覆盖白蜡粉,停息时双翅如蛾类在体上合成屋脊状,翅端圆状遮住整个腹部,翅脉简单,沿翅外缘有一排小颗粒。卵长约 0.2 毫米,侧面观呈长椭圆形,基部有卵柄,柄长 0.02 毫米,从叶背的气孔插入植物组织中。初产卵淡绿色,覆有蜡粉,而后渐变褐色,孵化前呈黑色。1 龄若虫体长约 0.29 毫米,长椭圆形;2 龄约 0.37 毫米;3 龄约 0.51 毫米,淡绿色或黄绿色,足和触角退化,紧贴在叶片上营固着生活;4 龄若虫又称伪蛹,体长 0.7～0.8 毫米,椭圆形,初期体扁平,逐渐加厚呈蛋糕状(侧面观),中央略高,黄褐色,体背有长短不齐的蜡丝。

【为害特点】 成虫、幼虫群集叶背吸食汁液,使叶片失水褪绿、变黄、萎蔫,影响植株正常生长发育。若虫有排泄蜜露的习性,可引起煤污病,妨碍植株的呼吸和光合作用,造成叶片萎蔫,植株死亡。

白粉虱在温室和大棚栽培条件下,1 年可发生 10 余代,各个世代重叠。以各种虫态在温室越冬并继续为害。成虫羽化后 1～3 天可交尾产卵,平均每次产 142.5 粒。也可进行孤雌生殖,其后代为雄性。成虫有趋嫩性、趋黄性和趋光性。在寄主植物顶部嫩叶产卵,羽化成虫为害。粉虱在适温 18℃～21℃条件下,约 1 个月完成 1 代。冬季温室作物上的白粉虱是露地春季蔬菜上的虫源,通过温室开窗通风或菜苗向露地移植而使粉虱迁入露地。白粉虱的种群数量由春至秋持续发展,夏季高温多雨对其抑制作用不明显,到秋季数量达高峰,集中为害瓜类、豆类和茄果类蔬菜。在北方由于温室、大棚和露地蔬菜生产紧密衔接和相互交替,可使白粉虱周年发生。

【防治方法】 ①农业防治。尽量在无白粉虱的温室育苗。如见白粉虱活动为害,要彻底防治。大棚在定植前清除前茬作物的残株,铲除杂草并带出室外处理,随后用 50％敌敌畏对温室进行熏蒸消毒,消灭残余粉虱。田间打下的枝叶均应清除销毁。②黄板诱杀。白粉虱对黄色有强烈的趋向性,可在田间悬挂或栽插黄色木板或塑料板诱杀。黄板规格、设置高度及数量各地有所不同,可用 20 厘米×5 厘米塑料板。先涂黄色颜料,再涂一层 10 号机油,顺行用绳或铁丝悬挂在植株的上端,每隔 20 米挂 1 个,拉成塑料黄板条带,进行诱杀。③生物防治。利用丽蚜小蜂、草蛉、粉虱座壳孢菌等,能有效控制低虫口基数的白粉虱为害。释放丽蚜小蜂,应在白粉虱发生初期使用,因其抗药力差,放蜂后不能施用农药。④药剂防治。为害初期及时喷药。用 10％二氯苯醚菊酯或 20％氰戊菊酯乳油 2 000 倍液,或 2.5％联苯菊酯乳油 2 000～3 000 倍液,或 2.5％溴氰菊酯乳油 3 000 倍液,或 25％噻嗪酮可湿性粉剂 1 000～2 500 倍液,或 2.5％氟氯氰菊酯乳油 2 000 倍液,或 20％吡虫啉乳油 3 000 倍液,或 10％吡虫啉可湿性粉剂 1 000～2 000 倍液。也可每 667 平方米用 22％敌敌畏烟剂 0.5 千克熏烟,或在花盆内装锯末洒 80％敌敌畏乳油 0.3～0.4 千克,放上几个烧红的煤球进行熏烟。

5. 茶 黄 螨

又名侧多食跗线螨、茶半跗线螨、茶嫩叶螨。除为害番茄外,还为害茄子、青椒、马铃薯、黄瓜、豇豆、菜豆等蔬菜。

【形态特征】 雌螨体长约 0.21 毫米,椭圆形,较宽。腹部末端平截,淡黄色至橙黄色,表皮薄而透明。体背有一条纵向白带。足较短,第四对纤细,其跗节末端有端毛和亚端毛。腹面后足体部有 4 对刚毛。假气门器官向后端扩展。雄螨体长约 0.19 毫米,前足体有 3～4 对刚毛,腹面后足体有 4 对刚毛,足较长而粗壮,第三、第四对足的基节相接。第四对足胫、跗节细长,向内侧弯曲,远端 1/3 处有一根特别长的鞭状毛,爪退化为纽扣状。卵椭圆形,无色透明,表面具纵列瘤状突起。幼螨半透明,足 3 对,体背有一白色纵带,腹末端有 1 对刚毛。若螨呈长椭圆形,是静止虫态,外面包有幼螨的表皮。

【为害特点】 成螨和幼螨集中在作物幼嫩部分刺吸为害,受害叶片背面呈茶褐色,油渍状有光泽,叶变小、增厚、僵直,叶缘向下卷曲;受害嫩茎、嫩枝变黄褐色,扭曲畸形,严重者植株顶部干枯;受害的蕾和花不能开花、坐果;果实受害,果柄、萼片及果皮变为黄褐色,丧失光泽,木栓化。受害叶片变窄,僵硬直立,皱缩或扭曲畸形,最后成秃头。

以雌成螨在茶树叶芽、蔬菜根际越冬。在温室条件下,全年都可发生,1年发生多代。翌年主要靠风传播,也可爬行为害。南方6~9月份,北方7~9月份发生严重。成螨活泼,尤其是雄螨,当取食部位变老时,立即向新的幼嫩部位转移并携带雌若螨。成螨将卵散产于嫩叶背面、幼果凹处或幼芽上。温暖多湿的环境有利于茶黄螨的发生,田间成螨有强烈的趋嫩性。

【防治方法】 ①消灭虫源。温室、大棚内若发现越冬的茶黄螨,应立即喷药防治。番茄收获后,清除枯枝落叶并集中烧毁,消灭越冬虫源。②药剂防治。在虫害发生初期,喷35%杀螨特乳油1 200倍液,或73%炔螨特乳油2 000倍液,或20%复方浏阳霉素1 000倍液,或5%噻嗪酮乳油2 000倍液,或21%灭杀毙(有效成分为氰戊菊酯加15%马拉硫磷)乳油2 000倍液,或50%三唑锡可湿性粉剂1 000倍液,或25%增效喹硫磷乳油800~1 000倍液,或50%敌敌畏乳油800倍液,或20%双甲脒乳油1 000~2 000倍液,或50%马拉硫磷乳油1 000~1 500倍液,或35%伏杀硫磷乳油500倍液,或20%哒嗪硫磷乳油1 000倍液,或40%水胺硫磷乳油1 000倍液,或2.5%联苯菊酯乳油3 000倍液,在初花期第一次用药,以后每隔10天1次,不同药剂交替使用,连续防治3次,可控制其为害。

6. 地老虎

又叫地蚕、土蚕、黑地蚕、切根虫。是我国分布最广、为害最重的地下害虫。食性极杂,除番茄外,还为害瓜类、豆类及十字花科蔬菜的幼苗。

【形态特征】 成虫体长 16~23 毫米,暗褐色,翅展 42~54 毫米。前翅有 6 对"之"形横纹,翅中部有黑色的肾形纹,外侧有 3 个三角形黑斑,后翅灰白色。幼虫灰褐色至黑褐色,体长 37~47 毫米,体表粗糙有颗粒,各体节上有 4 个形如"::"的小黑点。蛹长 18~24 毫米,红褐色,有光泽,腹末有 1 对臀棘,呈分叉状。

【为害特点】 地老虎以幼虫为害,1~2 龄幼虫取食番茄顶芽和嫩叶,形成小孔,危害较小。3 龄后,幼虫入土、昼伏夜出,咬断嫩茎、嫩梢,造成缺苗断垄以致毁种补栽。

地老虎从北到南 1 年发生 2~7 代。以蛹或老熟幼虫在土中越冬。成虫夜间活动,尤以黄昏活动最盛。对黑光灯和糖、醋、酒趋性较强。幼虫共 6 龄,3 龄前,大多寄生在心叶里,也有的藏在土表、土缝中,昼夜取食寄主嫩叶。4~6 龄,白天潜伏于浅土中,夜间活动为害。在天刚亮多露水时为害最凶。3 龄后幼虫有假死性和迁移性。老熟幼虫潜入土中化蛹。地老虎喜温暖潮湿的环境。在土壤含水量大、黏重,杂草丛生的地块发生严重。

【防治方法】 ①诱杀。一是用黑光灯诱杀或糖醋酒液诱杀越冬成虫。糖、醋、酒、水的比例为 3:4:1:2,加少许敌百虫。将糖醋酒液放在广口容器里,傍晚放在田间距地面 1 米处诱杀成虫。次日收回糖醋酒液,以减少蒸发。二是将新鲜泡桐叶片在 90% 敌百虫晶体 150 倍液中浸透后,傍晚时分放在田间,每 667 平方米 80～100 张叶片,次日清晨在叶下捕捉,连续 3～5 天,每次捕捉后,将泡桐叶收藏在阴暗潮湿处,以备傍晚时再用。三是用 2.5％敌百虫粉剂 1.5 千克或 90％敌百虫晶体 0.5 千克(用开水化开),加水 5 升,喷在 100 千克炒香的麦麸或油渣上,搅拌均匀,傍晚顺行撒于苗根附近,每 667 平方米 4～5 千克。也可用莴苣叶、苜蓿等铡碎代替麦麸和油渣,但要适当加大用量,并分小堆施放。②人工捕杀。发现地老虎为害幼苗根茎部,田间出现断苗时,可组织人力,于清晨拨开断苗附近的表土,捕捉幼虫,也可收到一定效果。③撒施毒土。用 2.5％敌百虫粉剂,按每 667 平方米 1.5～2 千克剂量,拌细土 10 千克左右,撒在田间株行间。④药剂防治。地老虎 3 龄以前为害番茄地上部分,应及时喷药。可选用 2.5％敌百虫粉剂,每 667 平方米 1.5～2 千克,或毒死蜱乳油 800～1 000 倍液,或 2.5％溴氰菊酯乳油 3 000 倍液,或 50％辛硫磷乳油 800 倍液,或 20％杀灭菊酯乳油 2 000 倍液防治。也可在虫龄较大时用 40％乐果、50％辛硫磷或 30％乙酰甲胺磷乳油 1 000 倍液灌根。

十、番茄种子的采收与检验

(一)杂交果的采收与发酵

1. 杂交果的采收

番茄杂交果实通常在授粉后 40～60 天达到完熟期(果实全部转红,果肉变软,种子已充分成熟),早熟母本较中晚熟母本提前 10～15 天采收。陕西关中地区一般应在 6 月中下旬杂交果陆续红熟后,及时采收,以免造成果实感染细菌、腐烂和落果,影响种子发芽率。不同品种的果实要分别堆放,做好标记,严防混杂。后期杂交的果实,如发育不良,应单采单收;畸形果、裂果、烂果、坏果及病虫果单采单收。

种果采收时,注意识别杂交标记,凡有明确杂交标记(如去雄时已摘去 2 枚萼片等标记)的果实方能作为杂交果采收,凡与标记不符或标记不清的果实要随时去除。

采种时用刀把果实剖开,果面向下,用手将种子及胶状物质一起挤入容器或发酵池中,多心室果实有时挤不彻底,种子腔内仍剩漏种子,要用手指或小汤匙将种子和胶状物质一起挖出。挖籽时不要将水分倒入容器或发酵池中,否则,种子在发酵时易发芽而不能做种用。

2. 种子发酵与淘洗

杂交种子从果实中取出以后,需要进行发酵。种子发酵采用的容器有木、陶瓷、玻璃及塑料制品等，切勿使用铁器，否则，发酵的种子颜色发黑，无光泽，影响种子质量。发酵物装入容器不要太满，以离容器口或发酵池沿口 20 厘米左右为宜，以防发酵过程中发酵物体积膨胀溢出。容器装好发酵物后，用塑料薄膜或其他材料将口封严，并注上品种名称和发酵日期。种子发酵的时间要严格掌握，在 25℃～30℃ 的条件下 24～36 小时，不宜过长，发酵期间，不能往汁液中加水，也不要在阳光下暴晒，要搅动 2～3 次，使其发酵均匀，否则会使种子发芽变黑，降低发芽率及种子商品外观。

发酵完毕后，用木棍充分搅动发酵物，使腐败的胶状物质及果皮等杂物漂浮于表层，以利于捞出，再将剩余的种液用手搓揉，直至种子与胶状物质完全分离为止。最后用清水多次冲洗干净即可。当果胶与种子分离时，应及时用清水冲洗。

3. 种子的干燥

种子漂洗干净后放入纱布中，尽量挤出多余水分，也可用洗衣机甩干，随后立即进行干燥。干燥、清选和分级是杂交果实掏种后的必要步骤。干燥可降低种子水分，延长种子寿命，便于清选、分级和贮藏，还可以起到杀虫和抑制微生物的作用。

种子干燥是利用或改变空气蒸汽压，使种子水分不断散发的过程。种子干燥主要决定于温度、空气相对湿度、空气流动速度以及它们之间的关系。温度愈高，空气相对湿度愈低，空气流动速度愈快，则种子干燥效果愈好；反之，干燥效果就差。需注意的是，番茄种子并非越干燥，含水量越低越好。如果含水量过低，往往会导致番茄种子生活力下降，发芽率降低。番茄种子贮藏含水量要求，普通贮藏为 8% 以下；密闭容器贮藏为 4.5%。

种子干燥的方法可分为自然干燥和人工机械干燥 2 类。

(1)自然干燥　自然干燥是利用日光晾晒、通风、摊晾等方法降低种子水分。方法简单,成本低,经济而又安全,一般情况下种子不会丧失生活力。但必须备有晒场,有时会受到气候条件的限制。为使种子干燥达到预期的效果,必须做到如下几点。

①晒场选择　番茄种子晾晒时,种子不宜在水泥晒场、铁器等物体上直接晾晒,也不要在塑料薄膜上晾晒。因为水泥场及塑料薄膜吸热后温度较高,又不透风,易烤坏种子。建议在帆布、炕席、筛子、麻袋片或专用晒布上晾晒。

②清场预晒　选择晴朗天气,清理好晒场,扫除泥沙、石块及异品种种子,防止品种发生混杂,然后将种子移至晒场进行预晒增温,出晒时间不宜过早,否则容易引起接近地面的种子结露,造成水分分层现象,影响干燥效果。

③薄摊勤翻　目的是增加种子与日光和干燥空气的接触面,接触面愈大,干燥效果愈明显。一般番茄种子摊晒厚度不宜超过 5 厘米。为增加种子与空气和阳光的接触面,可把种子耙成波浪形,提高干燥效果。要勤翻倒,一般掌握每小时翻动 1 次。翻动要彻底,以便使底层种子也能得到晾晒,及时把水分散失出去。

(2)人工机械干燥　也叫机械烘干法。具有水分散失快,工作效率高,不受自然气候条件限制等优点。缺点是操作技术要求严格,若运用不当,容易使种子丧失生活力,降低发芽率。因此,采用机械烘干法时必须掌握以下 2 项原则。

①严格掌握热空气温度　在人工进行干燥时,绝对不能把种子直接放在加热器上,必须利用干燥的热空气进行间接

烘干。不能借助提高种温的方法来加快种子水分的散发速度。一般以热空气不超过100℃,种温不超过44℃为准,以免使种子发芽率下降,或把种子烤焦而完全丧失生活力。

②采用合理的干燥法 对于经过发酵后淘洗的新种子,其含水量较高,不宜采用高温快速干燥法。在干燥过程中,可采用先低温后高温的办法,即种子水分高时温度要低一些,种子含水量低时温度可高一些。或采用2次(多次)间歇干燥法,因为一次高温干燥会使某些种子种皮破裂,或使种子表皮干缩硬化,种子内部的水分反而不易散出,导致种子生活力丧失。

不论采用自然干燥还是人工机械干燥的种子,均必须在冷却后装袋(罐或其他容器),以防分装入库后发生局部结露现象,致使种子内余热难于散出,导致种子生活力丧失,降低播种质量。当种子含水量降到8%以下(用牙咬有响声),就可送检和装入纸袋或布袋内保存。并在种子袋上挂好标签,写清品种、来源、采种年月及质量等。

4. 种子的清选

对种子进行清选加工,可进一步提高种子的播种质量,实现良种的增产作用,促进番茄杂交种子产业的发展。杂交种子经清选后有以下优点:①大大提高了杂交种子的净度、千粒重、发芽率及发芽势等。其质量指标都相应地有所上升。同时,由于种子质量高,也增加了种子贮藏、运输的稳定性。②剔除了秕籽、破籽、胎座残杂及其他杂质,种子大而饱满,提高了种子的利用价值,使出苗整齐而健壮,为早熟、丰产奠定了基础。③清除了部分带病虫籽粒以及混杂在种子里的杂草种子,特别是检疫性杂草种子,从而降低了其田间危害。④经过清选,将种子按形状、大小和种子饱满度分成若干级,按质定价,既可提高经济效益,又能提高经营者的信誉度。

种子的清选方法主要有风选、筛选及风选筛选相结合等方法。风选和筛选是最常见的方法,风选是利用种子与杂质的密度不同,在风力作用下,由于它们对风的承受面不同而分成不同级别。筛选是利用种子的长、宽、厚与杂质间的差别,通过不同大小和类型的筛孔进行分级。风筛选结合是采用过风、过筛连续作业,其效率比单一的清选法要高。

随着番茄产业的发展,番茄杂交种子的需求量愈来愈大,种子市场交易越来越频繁。因此,种子生产者和经营者,在市场经济条件下,为了提高种子质量,增强竞争力,在制种和推销种子的过程中,大批量种子的清选已成为必不可少的环节。按国际种子检验协会小型机器清选种子的规定,番茄种子清选机需选用4级筛,一级粗网筛是直径5毫米的圆孔筛,二级分级筛是直径4.7毫米的圆孔筛,三级分级筛是直径4毫米的圆孔筛,四级底筛是直径1.8毫米的圆孔筛。

我国生产的用于番茄种子清选和分级的机械种类较多,如上海向明机械厂设计制造的5XF-1.0型、1.3A型、3.0型风筛式种子清选机,5XY-3.0型圆筒式种子清选分级机,甘肃省酒泉种子机械厂设计制造的5X-0.7型选种机,5XS-3.0型种子清选机以及5XF-1.3A型、5X-2B型复式种子精选机等,可供番茄种子生产和经营专业户、公司选用。

(二)品种品质检验

番茄杂交种子的品种品质,是指种子的内在价值,如品种纯度和种子的真实性。品种的纯度是指品种典型性状的一致性程度,即样品中本品种的植株数(或种子数)占供检验样品植株(或种子数)总数的百分率。种子的真实性是指一批种子与所附文件上的记载是否相符,即是否名副其实。显然,种子没有真实性也就没有品质检验的必要。因此,在鉴定一批种子的品种纯度之前,必须首先鉴定种子品种的真实性。

杂交种子的品种品质检验包括田间检验和室内检验两个步骤。田间检验,是在番茄生育期间,亲临番茄制种田进行定点取样、分析、鉴定。主要检验品种的真实性和品种的纯度,同时还要检验品种生育情况,异品种、杂草的百分率以及感染病虫害程度等。田间检验是室内检验的基础,一般只有获得田间检验许可证书的制种田,其种子才有资格进行室内检验。

室内检验是在种子收获脱粒后,亲临现场或贮藏库扦取种子样品进行检验。在种子脱粒、运输、贮藏、销售和播种之前,由于各种原因都可能使种子品质发生变化。因此,必须对种子的真实性、品种纯度、病虫害感染情况等进行检验。

1. 田间检验

田间检验是以检验品种的纯度和种子的真实性为主。所以,检验者必须掌握被检验品种的特征、特性,借以鉴别出异品种。通常品种的性状可分为主要性状、次要性状、特殊性状和易变性状等 4 种类型。因此,田间检验是将植株的主要性状、特殊性状的典型特征特性充分表现出来的最适宜时期。

(1)检验时期 番茄最好在始收期、盛果期和采收末期等分期进行检验,最后综合评价。

始收期主要针对株形、叶形、叶色、花序着生节位、花序间叶片数、花序类型、第一层果实和果肩颜色、果脐大小以及第一花序的花数、果数、始熟期等性状综合进行鉴定。盛果期主要针对第二、第三层果（早熟品种）或第三、第四、第五层果（中晚熟品种）的坐果数、坐果率、单果重、果实形状、大小、整齐度、抗裂性、果肉厚薄、心室数、可溶性固形物含量等性状进行综合鉴定。采收末期主要根据植株长势、抗病性、高温下坐果能力等综合性状进行鉴定。

(2)取样点数量的确定 同一批种子栽培于几个区域内，应选几个有代表性的栽培区进行检验。在选定栽培区内设立多点进行检验，然后综合几个栽培区的检验结果，评价一批种子的纯度。

检验设点的多少，应根据栽培面积、播种方法以及株行距的大小来确定，检验结果代表性的如何，不完全在于取点多少，关键在于设点要合理、均匀、有代表性。番茄田面积在3 333平方米以内者可设5个点；1万平方米以内设9～15个点，每点取样不得少于20～30株。

(3)取样点的设置方法 要想使检验结果具有代表性，必须使取样点均匀合理的分布于田块上，设置取样点的方式有对角线式、梅花式、棋盘式、间隔式等。

①对角线式 取样点分布在1条或2条对角线上，等距设点，适用于方形或长方形地块。

②梅花式 在种子田的四角、中心共设5点，适用于较小的方形或长方形地块。

③棋盘式 在田块的纵横每隔一定距离设一点，适用于不规则地块。

④间隔式 先数总垄（畦）数，再按比例每隔一定的垄（畦）设一点，各垄（畦）的点要错开，不可在一直线上。

(4)对照(CK)品种 对照品种必须是标准的原种。原种必须附有清楚的品种特性、特征等详细说明资料。一般要求

10～15 个试验小区设 1 个对照品种小区。

(5)栽培管理 在保证植株正常生育的条件下,适时播种。提供正常的肥水条件,一般不进行病虫害防治,以检验其抗病虫的能力。

(6)检验结果分析与鉴定 设点取样后,依据原品种主要性状的典型特征为标准,逐点、逐株、逐性状分次分析鉴定。田间分析鉴定项目主要有异品种株率、病虫害感染率、病情指数以及生育期等。

各点样品分别进行分析鉴定登记,然后合计起来分别以下公式计算其品种纯度和病虫害感染率。

$$品种纯度 = \frac{本品种株数}{本品种株数 + 异品种株数} \times 100\%$$

$$病虫害感染率 = \frac{感染病虫害株数}{供检作物总株数} \times 100\%$$

(7)签证 在一个区代表田的分析检验后,要计算出该区各检验项目的平均数,并填入田间检验证明书中。根据检验结果,提出处理意见。如改进栽培管理、去杂去劣、防治病虫害等,以提高种子品质。如不符合要求,就不应做种子田。最后,根据检验结果和国家分级标准定出等级。田间检验证明书应一式 4 份,1 份给良种繁育单位,1 份送上级种子检验机构,1 份交种子销售部门,1 份存根备查。分析检验完后,将结果一并填在《田间检验结果证明书》中,检验人员同时填写总评价或处理意见,并签字、盖章。

2. 室内检验

进行室内品种纯度检验的种子必须是经过净度检验的样

品,其目的是了解检验样品种子的真实性。品种纯度检验常用以下方法,各检验单位或个人可根据本单位或个人的技术力量和设备选用一种或多种方法确定品种的纯度。

(1)种子形态鉴定法 取样 2 份,每份 500 粒,用肉眼或借助放大镜、显微镜,甚至电子显微镜逐粒仔细观察,根据种子形态特征鉴别,挑出异品种种子并计算品种纯度。

(2)幼苗鉴定法 取 2 份样,每份 100 粒,播种于苗床,或培养箱,或人工气候箱培养幼苗,依幼苗叶色、茎色等特征识别杂株,并计算品种纯度。

(3)物理鉴别法 最常用的是荧光法,即用 3 000～4 000 埃的光线作为刺激光,然后观察种子的荧光,根据不同品种的荧光特性区别本品种和异品种,再计算纯度。

(4)解剖鉴定法 不同品种的种子,其种皮细胞结构、形态大小等是不同的,因此可进行种皮切片观察,以区别本品种和异品种,再计算纯度。

(5)化学染色法 目前常用石炭酸、氢氧化钠等试剂。由于这些试剂可与种皮内的化合物发生反应,不同品种种子会被染成深浅不同的颜色,借以鉴别种子纯度。方法是:取 100 粒种子 2 份,用蒸馏水浸种 6 小时后,再用 1‰石炭酸溶液处理 12 小时,取出后清水洗净,以着色深浅区别真假种子。

(6)电泳鉴别法 利用电泳仪进行种子蛋白质区带或同工酶谱电泳分析,根据特异蛋白质条带或特征酶谱鉴别不同品种。

(7)核酸分析鉴别法 利用切割扩增多态性序列(CAPs)、限制性片段长度多态性(RFLPs)、随机扩增 DNA 多态性(RAPD,又称为 DNA 指纹技术)等分子标记技术在分子水平上鉴别不同品种纯度。

(8)视像仪鉴别法   视像仪是由照相机和计算机等部件连接构成,通过照相机将种子的外形摄入,自动测出种子外形特征(如几个特征参数角度),数据由计算机数据处理系统处理,并进行分析,从而判别是否为供检验品种的种子。

经上述不同方法测得结果,可按下式计算品种的纯度。

$$品种纯度＝\frac{本品种重量(或株数)}{全部样品重量(或株数)}×100\%$$

品种纯度的室内检验结果与田间检验结果不一致时,以最低数定级。

(三)杂交种子播种品质的检验

种子的播种品质系指种子的外在价值,通常指的是种子净度、饱满度、发芽率、活力、含水量、千粒重、密度、容重以及病、虫害感染率等。由于检验涉及的项目较多,技术复杂,因此操作人员必须十分耐心细致,熟悉检验操作规程,严格按照规定的步骤和方法进行。

通常在种子入库前,重点检验种子安全贮藏的含水量、发芽率和病害感染情况等;在贮藏过程中,重点检验种子含水量的变化、发热状况以及发芽率、活力的变化情况等;在播种前,重点检验种子的净度、发芽率、活力及千粒重等。在种子入库至播种前都要经常地根据各个品种的种子特性,对种子的真实性和纯度进行检验,以防在晾晒、运输和贮藏的过程中可能出现的混杂错乱给生产上造成损失。

1. 扦取检验样品

扦样的原则是样品要有高度的代表性。扦样前应先了解种子的基本情况,受检验种子必须是同来源的同品种,然后确定合适的检验单位。通常以种子批为单位。所谓种子批,是指一批规定重量的种子,从形态上可看作是一致的,其差异不超过 5%。番茄种子批规定的最大重量是 2 000 千克,送检样品最小重量 100 克。

2. 样品种类和扦样数量

(1)初次样品　又称小样,是从种子批中的每一个点所扦取的一小部分种子。种子批大小不同,扦样数也不同。如散堆种子批,500 千克以下的扦取 3～5 个小样;501～2 000 千克扦取 5～10 个小样,袋装的种子批以袋数确定小样数。

(2)混合样品　又叫原始样品,由种子批的全部小样混合而成。

(3)送检样品　又叫平均样品,是从混合样品中扦取的子样。送检样品的数量取决于试验资料,据理论推算,各种作物以 4 万粒种子的样品就能代表一批种子的品质和检验结果的准确性。据此计算,番茄送检样品最小重量 100～150 克。

(4)试验样品　也称定量试样,简称试样,是从送检样品分出来,供某项检验用的样品。试验样品的数量因具体的测定项目而不同。

3. 种子净度检验

种子净度又称种子洁净度,是指样品中去掉杂质后,剩下本作物好种子的重量与样品总重量的百分率。种子净度愈高,则种子使用价值愈高。

(1)送检样品检验　在送检样品中,主要检验大型杂质(土块、石块、茎秆等)及种子的色泽和气味。

（2）试验样品　一般要求净度检验度试样重量为 5 克。试样分好后，可倒于木板或玻璃上，用镊子分出好种子、废种子、有生命和无生命杂质等，并分别称重计算有生命杂质、无生命杂质和废种子的重量。试样种子净度以 2 份重复样品分析结果的平均值表示。最后，根据下式计算种子的净度。

$$\text{种子净度}=\frac{\text{种子总重量}-\text{废种子重量}-\text{杂质重量}}{\text{种子总重量}}\times100\%$$

4. 种子发芽率和发芽势试验

发芽力即发芽能力，是指种子在适宜温、湿度条件下所具有的发芽和长成幼苗的能力。通常用发芽率和发芽势 2 个指标表示。

种子发芽势，是指发芽试验初期，在规定的日期内，正常发芽的种子数占供试种子数的百分率。发芽势高，表示种子活力旺盛，播后出苗整齐、一致性强。番茄种子发芽势是指在 25℃～30℃，黑暗条件下，前 6 天的发芽百分率。

种子发芽率，是指到发芽试验终期，全部正常发芽的种子数占供试种子数的百分率。发芽率愈高，表示有生活力的种子数愈多。番茄种子发芽率是指在 25℃～30℃，黑暗条件下，12 天内的发芽百分率。

番茄种子发芽所需要的外界环境条件包括水分、温度和氧气，是测定种子发芽势和发芽率的必备条件。水分是种子发芽的第一动力。没有水分，种子便不能发芽。番茄种子在发芽试验前，需浸种 6 小时，以加速种子吸水膨胀。适宜的温度能加快种子膨胀的速度，并使酶活性加强，促进养分转化供应胚生长。若温度过低，则种子内部生理活动缓慢，进而导致种子发芽慢甚至不能发芽；若温度过高，则种子呼吸作用旺盛,使养分分解迅速,消耗加快,提供给胚的养分不足,使胚生长不良甚至不能生长,并容易引起病害。番茄适宜的发芽温度为25℃~30℃。此外,番茄种子发芽时,呼吸作用旺盛,需要大量的氧气。

番茄种子发芽试验的方法有普通发芽试验和纱布或毛巾卷发芽2种。

普通发芽试验方法是种子发芽试验的基本方法。首先,从经净度检验过的种子中随机取样4份,每份试样种子100粒为1次重复,共设4次重复。发芽床可用滤纸、纱布、沙子或塑料泡沫制作。将供试的种子排列在发芽床上,粒与粒之间至少保持与番茄种子同样大小的距离。种子播种后加盖,然后贴上标签,注明编号和重复次数,最后,置于25℃~30℃,黑暗条件下的温箱内进行发芽。

种子发芽时应保持较均匀的温度,不宜忽冷忽热。发芽床应经常保持湿润,不宜过干或过湿。每天早晚各检查1次,并及时补水。同时,应使箱内有新鲜空气,发芽床上的盖子每天应打开1~2次进行换气。此外,发芽用的恒温箱必须注意清洁。番茄发芽时间较长,应在发芽的第八至第十二天,用0.1%高锰酸钾溶液,或40%福尔马林溶液,或70%酒精溶液消毒1次。在发芽过程中,发现种子发霉时,立即取出用清水冲洗并消毒后,再放入发芽床内继续发芽。

番茄种子发芽的鉴别是以其幼根、幼芽达到种子长度为标准的。凡没有幼根、幼芽,或幼根、幼芽残缺、畸形及腐烂的;幼根明显萎缩,中间呈纤维状或幼根水肿状,幼根无根毛,两片子叶均被折断的种子均为不发芽的种子。

在检查发芽率时,除了数清发芽正常和发芽不正常的种子外,还应计算各样品中腐烂的种子。凡胚乳软腐的种子、种胚腐烂或发黑的种子,以及在计算时已发育的幼根部分腐烂或全部腐烂的种子,都属于腐烂的种子。此外,如发现长有霉菌的种子,要注明感染程度,按发芽种子的数字确定感染霉菌的百分率。

番茄种子发芽势和发芽率可按下式计算:

$$发芽势 = \frac{发芽初期 6 日内正常发芽粒数}{供检种子粒数} \times 100\%$$

$$发芽率 = \frac{整个发芽期 12 日内全部正常发芽粒数}{供检种子粒数} \times 100\%$$

在获得 4 次重复试验的检验结果中,若有 1 次重复结果超过规定的差距(表 10-1),则计算其余 3 组的平均发芽率;若有 2 组结果超过规定的差距,则应重做试验。重做的结果有 2 组超过规定差距,则以 2 次 8 份试验结果计算其平均值,作为最后的测定结果。

表 10-1 发芽试验结果允许差距表 (%)

种子发芽率的平均百分率	允许差距(以平均百分率计)
99～100	1.4
98～98.99	2.0
97～97.99	2.4
96～96.99	2.8
95～95.99	3.0
94～94.99	3.4
93～93.99	3.6
92～92.99	3.8
91～91.99	4.0

种子发芽率的平均百分率	允许差距(以平均百分率计)
90～90.99	4.2
89～89.99	4.4
87～88.99	4.7
85～86.99	5.0
83～84.99	5.3
81～82.99	5.5
79～80.99	5.7
77～78.99	5.9
75～76.99	6.1
72～74.99	6.3
69～71.99	6.5
65～68.99	6.7
58～64.99	6.9
50～57.99	7.0

　　纱布卷或毛巾卷发芽方法是指将纱布或毛巾先煮沸消毒,沥去多余水分,再将种子排列在半块纱布或毛巾上,把余下的半块覆盖在种子上,卷成棒状,置于 25℃～30℃下,并注意喷水保持湿润。其他管理、种子发芽势和发芽率的统计和计算同普通发芽试验方法。

5. 种子含水量检测

　　番茄种子含水量检测是种子入库前、贮藏期间和销售前必须进行的工作。其检验方法主要有低温烘干法和高温烘干法 2 种。此外,利用种子水分快速测定仪可进行种子水分的粗略估计。

(1)低温烘干法 将番茄种子样品在容器内混匀,从不同部位取出 2 份,每份稍多于 5 克,放入预先烘至恒重的铝盒内摊平加盖。在精确度 1/1 000 的天平上称准 5 克。再将盒盖取下放在底部,放进预热至 115℃ 左右的烘箱内,关闭箱门,在 10 分钟内将温度调节到 105℃ 左右(上、下不超过 2℃)烘 17±1 小时后,取出盖好,放入有干燥剂的干燥器内,冷却至室温(约 30 分钟)后称重。以后再按上述方法烘 1 小时后冷却、称重,直至前后两次重量之差不超过 0.02 克为止。如后一次重量高于前一次,则以前一次重量为准。然后根据减少的重量来计算含水量。

$$含水量 = \frac{烘前试样重量 - 烘后试样重量}{烘前试样重量} \times 100\%$$

2 次检验结果允许误差不得超过 0.4%,否则重作。

(2)高温烘干法 其程序与低温烘干法相同,但烘箱温度须保持 130℃~133℃,番茄样品烘干时间为 1 小时。其他参照低温烘干法。

6. 种子千粒重测定

千粒重是指 1 000 粒种子的绝对重量,单位用克来表示。千粒重愈大,则表示种子愈饱满,种子的胚也就相对的愈肥大,种子贮藏的养分多,播种后出苗快,出苗整齐,植株生长势旺盛。

(1)检验方法 从经过净度检验的好种子中,随机取样。番茄种子取 1 000 粒为 1 次重复,共重复 2 次,用精确度 1/1 000 克的天平称量出每个重复结果,并取其平均数。2 次重复试样重量允许误差为 5%，如超过 5%需再做第三次，求取 2 个相近数字的平均数为最后结果。

（2）注意事项　在取样时，应随机连续数出需要的粒数，防止本能地挑选大粒和好粒。每数到 50 或 100 粒时，应复查一遍，再合并成 50 或 100 粒为一堆，数到 10 堆后再复查一遍堆数，最后全部并在一起称重。

种子含水量的多少，因地区、季节以及贮藏环境的不同而有很大差异。为了便于比较，需要将千粒重实测结果换算成规定含水量的千粒量。其换算公式如下：

千粒重（规定水分）（克）

$$= 实测千粒重（克）\times \frac{1-实测含水量（\%）}{1-规定含水量（\%）}$$

番茄规定种子含水量为 8%。此外，也可根据表 10-2 规定含水量的千粒重系数和实测千粒重计算出规定水分千粒重。

千粒重（规定水分）（克）

= 实测千粒重（克）×规定含水量的千粒重系数

表 10-2　折算成规定含水量的千粒重系数

规定种子含水量（%）	实际种子含水量（%）									
	6	7	8	9	10	11	12	13	14	15
8	1.022	1.011	1.000	0.989	0.979	0.967	0.957	0.946	0.935	0.924
9	1.033	1.022	1.011	1.000	0.989	0.978	0.967	0.956	0.945	0.934
10	1.044	1.033	1.022	1.011	1.000	0.989	0.978	0.967	0.956	0.944
11	1.056	1.045	1.034	1.023	1.011	1.000	0.989	0.978	0.966	0.955

7. 种子感官检测

感官检测,即用眼力根据种子的外部形态进行判断。一般纯度高质量好的种子,颜色、粒形均匀一致,整齐度好,种子表皮富有光泽,新鲜。检验时应注意不要直接在灯光下或太阳光下进行,选择在背阴处检验,对种子颜色的判断较准确。

番茄新种子籽粒上小茸毛多,且有番茄味,旧籽上茸毛少或脱落,番茄气味也变淡。

番茄种子水分的感官鉴别:①眼看。干种子色泽较深且新鲜有光泽,水分含量高的种子呈暗灰色,缺少光泽。用此法检验时,应避免在强光或光线过弱的条件下进行,以逆光为宜,把种子放在光滑的黑色底盘上仔细观察。②手摸。用手插入种子堆中若感到有股冷气,证明种子比较干燥。③牙咬。干燥的种子用牙咬时较费力,发出的声音响亮,种子断面光滑。④耳听。将种子扬起,干种子发出咔的脆声,含水量高的种子声音发闷。⑤鼻闻。含水量高的种子呼吸强,有异味,干种子则有新鲜气味。

番茄种子生活力的感官鉴别:①种皮色泽新鲜,有光泽者为有生活力,反之为无生活力种子。②胚部色泽浅、充实饱满、富有弹性者为有生活力种子,胚部色泽深、干枯、皱缩、无弹性者为无生活力种子。③在种子上呵一口气无水汽粘附,且不表现出特殊光泽者为有生活力,反之为无生活力种子。

(四)种子的管理

1. 种子的分级

对种子进行清选和分级,以剔除混在里面的破碎种子、秕籽、秸秆、泥沙、虫尸和杂草种子等杂质,并按形状、大小和饱满度的不同将种子分成不同的级别,进一步提高种子的纯净度和种子品质。贯彻种子优质优价的政策,提高市场竞争力。

番茄良种定级是根据种子的纯度、净度、发芽率和水分含量4个指标进行的(表10-3)。供检验良种任意指标低于最低级别标准则视为不合格种子。以品种纯度指标为划分种子质量级别的主要依据。纯度达不到一级良种降为二级良种,达不到二级良种降为三级良种,达不到三级良种即为不合格种子。

表10-3 番茄种子质量分级标准

项　目	级　别	纯度不低于 (%)	净度不低于 (%)	发芽率不低于 (%)	水分不高于 (%)
亲　本	原　种	99.9	98.0	85	8
	良　种	99.0	98.0	85	8
杂交种	一级良种	98.0	98.0	85	8
	二级良种	96.0	98.0	85	8
	三级良种	95.0	97.0	85	8

2. 种子的包装

种子是农业增产丰收主要的因素,对于种子这一特殊的商品,供应商应当了解农民对于包装的需要。这些需要主要体现在包装材料、包装说明与使用方法等方面。我国《农作物种子标签管理办法》第四条规定"农作物种子标签应当标注作物种类、种子类别、品种名称、产地、种子经营许可证编号、质量指标、检疫证明编号、净含量、生产年月、生产商名称、生产商地址以及联系方式"。

种子包装的材料应当透气、易封口、不断裂、不开包、保质期长，成本低。常用的包装材料如哑光膜、PET 聚酯镀铝膜、CPP 镀铝膜、聚丙烯、高密度聚乙烯、铝箔、锡铁等。包装上要注明播种及收获时间、水肥用量、留苗密度。为了防止假冒伪劣的种子，农民还希望在包装上配以图片说明便于作物生长后进行对比。

3. 种子的贮藏

种子贮藏的目的是要达到能较长期地保持种子具有旺盛的生活力，延长种子的使用年限，保证种子具有较高的品种品质和播种品质，以满足生产上对种子数量和质量的要求。种子常用的贮藏方法有普通贮藏法、密闭贮藏法、真空贮藏法和低温除湿贮藏法等。

(1) 普通贮藏法 又称开放贮藏法，包括两方面的含义：一是贮藏库无特殊降温除湿设备，仅能靠排风扇和通风窗调节库内温、湿度；二是种子用非密闭性的材料包装。种子的温、湿度基本上与库内一致。该法简单、经济，适合于贮藏大批量的生产用种，贮藏期 1～2 年，为目前我国北方各种种子生产及经营单位主要的种子贮藏方法。

①贮藏期间的管理 开放式贮藏中种子温度一般随库内气温变化而变化，当种子温度违反常规而温度居高不下时，就有可能产生发热。种子发热的原因可能是种子受潮后呼吸旺

盛,微生物大量繁殖或害虫密集为害等。预防措施,一是要把好入库关,入库种子必须清洁、健康,含水量在安全含水量以下;二是要注意改善仓库条件,如采取除湿、干燥等措施。应根据库内外温度状况,选择有利于降温除湿的时间通风;一般春夏季节为气温上升季节,以密闭仓库为主,秋冬为气温下降季节,以通风为主,雾、雨、雪和大风天气不宜通风。

②贮藏期间的检查 种温随气温有日变化、年变化,要经常观测库内温度,如不符合规定要及时采取措施;种子含水量随空气相对湿度而变化,表层种子比内层种子受的影响大,是检查的重点;病虫害受温度的影响,15℃以上时容易为害,这时应勤检查;此外,对长时间贮藏的种子,贮藏期间要定期检查种子发芽特性。

(2)密闭贮藏法 是指将种子干燥到符合密闭贮藏要求的含水量标准,再用密闭容器或包装材料密封起来贮藏。该法隔绝了种子与外界的气体交换和水分交换,从而使贮藏期间,容器内氧气含量减少,二氧化碳含量增加,将种子呼吸抑制在微弱状态,使种子基本保持在密闭前的干燥状态,并抑制了好气性微生物的活动,从而延长了种子寿命。

密闭贮藏一般应配合低温条件,不宜在高温条件下采用,适宜在温度变化大、降水量多的地区推广。

密闭贮藏使用的容器目前主要有玻璃瓶、干燥箱、缸、罐、铝箔袋、聚乙烯袋、锡铁罐、塑料罐或纸罐等。不同材料的容器性能和成本不同,贮藏效果也有差异。要求密闭贮藏时的安全含水量也有差异。美国种子法施行规则中规定番茄种子在密闭容器中贮藏的安全含水量为 4.5%。我国一般要求密闭贮藏的番茄种子含水量在 8% 以下。

(3)真空贮藏法 真空贮藏是将充分干燥的种子密闭在

近似真空的容器内,使种子与外界隔绝,不受外界湿度的影响,抑制种子的呼吸作用,强迫种子进入休眠状态,从而达到延长种子贮藏寿命的目的。

采用该法贮藏的种子需采用热空气干燥法干燥,干燥温度一般为 50℃～60℃,干燥 4～5 小时,使种子含水量在 4.5% 以下。真空度要求标准为 48～53 千帕之间,真空罐规格因罐材及贮藏要求而异,我国曾采用 0.5 和 0.25 千克 2 种。种子装罐体积为 3/4,留 1/4 空间;装罐后,真空罐应放置在低温环境下贮藏。

真空贮藏法适宜于长期贮藏种子。据试验,番茄种子在真空罐可贮藏 10 年以上。

(4) 低温除湿贮藏法 是指在大型种子贮藏库中,装备制冷机和除湿机等设施,把库温降到 15℃ 以下,空气相对湿度降到 50% 以下,从而达到安全贮藏种子目的的贮藏方法。

该法的原理是利用低温和低湿,抑制种子的呼吸及病虫害的发生。一般 15℃ 以下即能达到良好效果,害虫开始冷麻痹,微生物活动及种子呼吸都很弱。

番茄种子贮藏前入库要注意以下几个问题:①取样。番茄杂交种子收获后,要选取有代表性的种子样品 100 克,分做 5 个样。2 份样送交上级主管机关或合同双方约定单位进行纯度、发芽率(出苗率)、含水量及净度检验。2 份合同单位盖章后保存,1 份由种子管理站保存,作为合同双方对鉴定有争议时或该批种子有质量问题时仲裁用。②分级。应根据种子的质量进行分级,不同级别的种子要分开贮藏。③挂标签。种子要分品种、分级别、按生产单位和取样代号贮藏。包装袋内外要有标签,并标明种子生产单位、生产日期、种子数量、品种名称、取样代号,然后入库。

4. 种子的运输

种子运输是将现代种子科学技术转化为现实生产力的重要环节,任何新品种的推广均离不开种子流通过程中的运输。而在这一中间环节如出现问题,可能使一些伪劣种子流入市场,从而给农民的利益带来不应有的损失;也可能使种子出现生命力的下降,降低良种的增产潜力;还可能导致病虫害的传播,使病虫害大流行。因此,加强对种子的运输管理,是种子管理的重要环节。

(1)种子运输的特点

①季节性强 种子生产的季节性使运输的淡旺季节分明,通常各地均有种子集中调运的季节,在此季节之外,多不会进行种子的运输,这就为种子的运输管理提供了方便。种子公司与运输部门应根据农事季节进行运输,把农民生产上所需要的种子及时运达目的地,不违农时地供应给农民。

②对运输条件与工具的要求严格 种子是有生命的农业生产资料,其生活力的保持要求在运输过程中必须有适宜的运输环境作保证。如果在运输过程中受到风吹、雨淋、高温等的侵袭,就会使种子丧失生活力。因此,要求种子运输必须有适宜的环境条件与保障安全运输的运输工具。

③容易产生种子混杂 种子运输往往是由种子生产基地向销售地点的运输,许多杂交种子生产基地则在外县或外省,一些专门生产杂交种子的地区,则是多个品种种子的集散地,从而容易引起品种间的混杂。

(2)番茄杂种种子的运输管理

种子运输的安全保障是在时间保障的基础上,保障运输过程的安全,使种子在运输过程中不发生霉变或质量降低的现象。种子安全运输应注意以下几点：一是运输车辆的规定。应保证运输过程中的温度与湿度不超过种子生活力的基本要求，运输过程不发生日晒雨淋。番茄杂交种子在运输过程中的环境温度应低于 40℃，并且应有防潮包装，以免种子受潮，降低其生活力。二是运输周转过程应有专人负责，防止由于出入库造成品种混杂。三是运输过程中不同品种的堆放应科学有序。种子管理部门应制定有关种子安全运输的工作程序，保障运输过程的安全性与及时性。

参考文献

[1] 孔庆国,于喜燕.番茄病毒病的鉴定与遗传规律研究概况.长江蔬菜,2000,(7):1-3.

[2] 王 军,王 健.我国常用塑料大棚类型.农村实用工程技术(温室园艺),2005,(6):34-36.

[3] 王彦杰,刘守伟,李景富.番茄抗早疫病育种研究进展.东北农业大学学报,2004,35(5):616-621.

[4] 叶青静,杨悦俭,王荣青,等.番茄抗叶霉病基因及分子育种的研究进展.分子植物育种,2004,2(3):313-320.

[5] 叶海龙,钱丽珠.番茄杂交制种技术.上海蔬菜,2000,(1):16-17.

[6] 孙 涛,简桂良,卢美光,等.番茄抗枯萎病基因研究进展(英文).//成卓敏主编.农业生物灾害预防与控制研究.北京:中国农业科学技术出版社,2005,65-69.

[7] 朱海山,汪安云.不同授粉时段和次数对番茄人工杂交制种效果的影响.云南农业大学学报,2002,17(3):217-218.

[8] 许一耿.塑料大棚微环境特点及调控技术.福建林业科技,2003,30(3):123-125.

[9] 邢国明,王永珍,张剑国,等.蔬菜最新栽培技术.北京:中国林业出版社,2000.

[10] 何连顺,姜 涛,张 革.提高酱用番茄杂交制种产量的技术措施.中国种业,2007,(2):52.

[11] 余诞年,吴定华,陈竹君.番茄遗传学.长沙:湖南

科学技术出版社,1999.

[12] 张国芝.作物的保护伞(5)——塑料薄膜性能比较.农村实用工程技术(温室园艺),2001,(6):9.

[13] 张福墁.设施园艺学.北京:中国农业大学出版社,2001.

[14] 李明启.塑料薄膜大棚的建造技术.农村经济与科技,1999,10(11):21.

[15] 李景富,张 贺,许向阳.中国番茄主要病害抗病育种研究进展.中国园艺学会第十届会员代表大会暨学术讨论会论文集,长沙:2005,487-495.

[16] 汪国平,林明宝,吴定华.番茄青枯病抗性遗传研究进展.园艺学报,2004,31(3):403-407.

[17] 陆春贵,徐鹤林,杨荣昌,等.含耐贮基因番茄的贮藏生理特性及在育种上的应用.江苏农业学报,1994,10(3):5-10.

[18] 周国治,杨悦俭,王荣青,等.番茄杂交种子优质高产生产技术.种子,2003,(4):107-109.

[19] 侯玉香.早熟番茄人工杂交制种技术.种子科技,2007,(5):58-60.

[20] 赵统敏,余文贵,张 超.番茄杂交制种技术.北京:中国农业出版社,2004.

[21] 赵统敏,邹茶英,余文贵,等.番茄晚疫病及其抗病育种研究.江苏农业学报,2006,22(2):175-180.

[22] 徐鹤林,李景富.中国番茄.北京:中国农业出版社,2007.

[23] 浙江农业大学.蔬菜栽培学总论(第二版).北京:中国农业出版社,1999.

[24] 贾睿娟,高海生.种子贮藏运输中的管理.商品储运与养护,2000,(1):41-43.

[25] 彭德良,唐文华.番茄抗根结线虫 *Mi* 基因研究进展.沈阳农业大学学报,2001,32(3):220-223.

[26] 谢 浒,宁继英.番茄杂交制种技术研究.种子科技,1995,(3):24-25.

[27] 韩世栋,周桂芳.番茄种好不难.北京:中国农业出版社,2000.

[28] 薛玉梅,穆 欣,许 明.番茄迟熟基因突变体的研究进展.中国蔬菜,2006,(10):32-34.

[29] 戴雄泽.杂交辣椒大棚规模制种技术.湖南农业科学,2000,(1):34-35.

金盾版图书,科学实用,
通俗易懂,物美价廉,欢迎选购

番茄无公害高效栽培	8.00 元	种植难题破解	11.00 元
番茄优质高产栽培法		辣椒茄子病虫害防治新	
（第二次修订版）	9.00 元	技术	3.00 元
番茄实用栽培技术	5.00 元	怎样提高辣椒种植效益	8.00 元
番茄保护地栽培	6.00 元	新编辣椒病虫害防治	
西红柿优质高产新技术	5.00 元	（修订版）	9.00 元
番茄病虫害防治新技术		辣椒高产栽培（第二次	
（修订版）	7.00 元	修订版）	3.50 元
番茄病虫害及防治原色		辣椒保护地栽培	4.50 元
图册	13.00 元	辣椒无公害高效栽培	9.50 元
图说温室番茄高效栽培		彩色辣椒优质高产栽培	
关键技术	11.00 元	技术	4.50 元
樱桃番茄优质高产栽培		棚室辣椒高效栽培教材	5.00 元
技术	7.00 元	引进国外辣椒新品种及	
棚室番茄高效栽培教材	4.00 元	栽培技术	6.50 元
引进国外番茄新品种及		天鹰椒高效生产技术问答	4.50 元
栽培技术	7.00 元	线辣椒优质高产栽培	4.00 元
保护地番茄种植难题破		辣椒病虫害及防治原色	
解100法	7.50 元	图册	13.00 元
保护地菜豆豇豆荷兰豆		辣椒间作套种栽培	6.00 元

　　以上图书由全国各地新华书店经销。凡向本社邮购图书或音像制品,可通过邮局汇款,在汇单"附言"栏填写所购书目,邮购图书均可享受9折优惠。购书30元(按打折后实款计算)以上的免收邮挂费,购书不足30元的按邮局资费标准收取3元挂号费,邮寄费由我社承担。邮购地址:北京市丰台区晓月中路29号,邮政编码:100072,联系人:金友,电话:(010)83210681、83210682、83219215、83219217(传真)。